U0396594

杭州光阴志

华数求索纪录频道 策划

周华诚 主编

浙江工商大学出版社

·杭州·

图书在版编目(CIP)数据

杭州光阴志 / 周华诚主编. — 杭州：浙江工商大学出版社，2024.1

ISBN 978-7-5178-5934-5

Ⅰ.①杭… Ⅱ.①周… Ⅲ.①二十四节气–通俗读物 Ⅳ.①P462-49

中国国家版本馆CIP数据核字(2023)第254346号

杭州光阴志
HANGZHOU GUANGYIN ZHI

周华诚 主编

出 品 人	郑英龙
策　　划	华数求索纪录频道
策划编辑	沈　娴
责任编辑	费一琛　刘　颖
责任校对	孟令远
封面设计	周伟伟
插画绘制	金　雪　唐　郗　白　山
责任印制	包建辉
出版发行	浙江工商大学出版社 (杭州市教工路198号　邮政编码310012) (E-mail：zjgsupress@163.com) (网址：http://www.zjgsupress.com) 电话：0571-88904980,88831806(传真)
排　　版	杭州朝曦图文设计有限公司
印　　刷	浙江海虹彩色印务有限公司
开　　本	787 mm×1092 mm　1/32
印　　张	10.875
字　　数	172 千
版 印 次	2024年1月第1版　2024年1月第1次印刷
书　　号	ISBN 978-7-5178-5934-5
定　　价	88.00 元

本书编委会

总监制：王夏斐　卓　越

总策划：樊厚清　周　艳

总编辑：李　俊

编　委：陈　敏　傅　菡　董凯兰　李金琦

序

"好雨知时节，当春乃发生。随风潜入夜，润物细无声。"杜甫诗中的春雨，拥有一种别样的清新气息。天之甘露，在恰到好处的时节降下，润泽万物。而二十四节气带给我们的观感，也恰是如此。

春雨惊春清谷天，夏满芒夏暑相连。秋处露秋寒霜降，冬雪雪冬小大寒……这些节气，不仅是务实的名词，也是务虚的美学：它们悄无声息，又浑然天成，夹带着时间的密码和丰富的信息，汇成一条浩荡的长河，从远古到当下，所有的生命都活跃在这条河流里——沉浮、远行。

而大地和太阳永恒，熟悉的美好，每一年都会发生。从某种意义上说，二十四节气也是古人为自己的生活创造的指引与指南，无论你是否知晓它、理解它，天行有常，时节自有轮序。一如钟表上的指针，象征着人类对于时间的精准把控。

行走于天地之间的我们，在时光不舍昼夜的流转中，看春雨时至，看鱼游莲底，看花满枝头，看层林尽染，看大雁北归，看暮色四合，看寒林霜雪——犹如杜工部《春夜喜雨》中的那场春雨，二十四节气，潜入我们的心灵，沁润彼此的生活。

当然，也有许多人疑惑，起源于农耕社会的节气，对于现在的人们和当下的社会，还有什么更深层次、更积极的意义？

当二十四节气遇见钱塘风雅，2021年，华数求索纪录频道把目光聚焦于杭州这座城市的节气生活，推出原创纪录片《四时城纪——廿四节气·杭州》。杭州千年流传的精致、典雅、大气的城市气质，深深沁润着生活于此的人们。因此，在镜头里，我们可以看到有人唧唧复唧唧，劳作永不息，把平凡的日子，过得熠熠闪光；有人寻找节气之于生活的智慧，探求健康之道；有人离开高楼大厦，回归乡村田园生活；也有人守望着传承千年的民俗文化，丰富着这个时代对于时间的理解……在二十四个节气串联起来的时光中，生活于杭州这座城市的他们，都找到了理解这个世界的最佳方式。

"候时而行""见微知著""不时不食"，不仅是节气下的应景行为，更是一种思维方式与生活哲学。《杭州光阴志》是纪录片《四时城纪——廿四节气·杭州》单集九十秒视频之外的延展，是城市缩影的再现，让你从中体验人生百味，是在生活里、在生命中、在广袤大地上、在时间与空间的流转中书写的新鲜活泼、历久弥新的"二十四节气"。而无论是从《四时城纪——廿四节气·杭州》这部纪录片中，还是从《杭州光阴志》这本书里，我们皆能感受到一座城市的温度与它所坚守的生活，能触摸到一座城市见微知著的美好与不息的追求，能感受到一位位普通人的力量与感动。

依顺序，二十四个故事始于"立春"，终于"大寒"，以"一个节气，一个故事，一种生活方式"的形式，多角度呈现杭州这座幸福之城的自然物候、历史文化、故乡亲情以及生命体验。

读过这些故事，你或许就能明白，四季的流转，既是自然的，也是人文的。二十四节气不仅是一套关于时令、气候、物候变化规律的认知体系，也是属于中国人的时间哲学与生活美学，其中蕴含着古人对自然、天地、岁月、人生的思悟。犹如一条迂回于潜意识里的珠链，只要轻轻一提，农作、造物、风土、吃食等等，便随之而动，带来丰美的波澜。更有意思的是，在从前，二十四节气是自然万物对古人的提醒与催促。而如今，它们似乎又在与人类重新展开对话：慢下来，慢下来，享受当下。

不妨就依着它们的提示，慢一点，坐下来，怀抱着生活的爱与哀愁，如那二十四位主角一般，去融入那一道佳肴、一碟点心、一杯茶、一盅酒，体会四时无限流转，节令永远如期而至。

轮回中，过了今冬还有明春，那便是生活最好处。

《杭州光阴志》编辑部

目录

夏

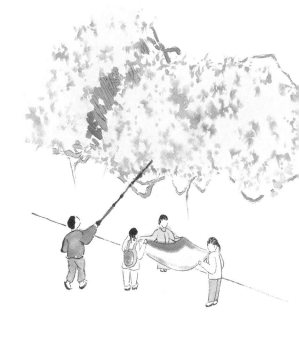

冬

江南好，风景旧曾谙：

日出江花红胜火，春来江水绿如蓝。

春

修书如修行

李　晚

春来桃红飘散，夏有台风豪迈，

秋叶铺陈地毯，冬雪照彻白夜。

飞　岛

孤山是一座飞岛。

湖水即云天。孤山悬于湖心，凝聚文气。

于孤山之心，有一间红楼。楼里有未启用的西洋壁炉，还有一间古籍修复室。

孤山路二十八号，浙图古籍部，修书人阎静书就在岛上的这一间屋里，度过了人生的三十八个春夏秋冬。

春来桃红飘散，夏有台风豪迈，秋叶铺陈地毯，冬雪照彻白夜。

一支毛笔，一碟化开的糨糊水，一张书桌，一个清晨到日落，她的名字或已暗示了命运。

"毛笔不可太粗，不可太短，狼毫有韧性。糨子用小麦粉制，不可太厚，笔尖舔去一半。技术越好，糨子用得越少。"阎静书不是阅读古书的人，却研究过古籍里的字字句句——用另一种方式，与古代的文字日日相亲。一抬手，一落定，四面八方的气汇到指尖。

孤山一呼一吸，湿润了手里的一页古籍。

就像有人把玩玉石，也有人为孤山的文气包浆。

湿了就风干一些，干了就打湿一些。六七成湿气，最宜揭开粘连的古籍书页。

为了达成这湿度，阎静书有时会向隔壁的楼外楼借来蒸笼。

百年老店的笼气里，有时混着馒头的麦香，有时混着书页的墨香。

最难忘 2015 年那一本《洪承畴家谱》的气味。台风不知吹到哪里，宁波市侨办的电话打到浙图古籍部的办公室。阎静书接起电话，是抢救性修复任务。不久后，她桌上多了一本湿漉漉的洪家古籍。

那是一个星期五的下午，送来的古籍被封在一个塑料袋里，拉开袋口闻到一阵刺鼻的气味，阎静书赶紧把它放进冰箱的冷藏柜。这一口袋，于一些人是宝贝，于另一些人是垃圾。阎静书无疑是前者。

等到星期一，用毛巾细细擦拭，吸掉书页上的水分。书已经揭不开任何一页，硬得像块砖。先断症再下药，修整的第一步是拆书，于是架在蒸笼上悬空蒸，有了湿气再用镊子轻轻钳起书页。手要稳，指要巧。蒸笼热气腾腾，时不时烫手难忍。在触碰与缩手之间，一点一点，一页一页，把书页寸寸分离。层叠粘连的书页越来越少，揭页也越发费功夫。没有一本书的修复可以遵循套路，越困难越倚赖修书人的思考，有时用竹起子，有时用针尖，有时用镊子。直到最后，用皮子夹揭书页，靠黏力拉开，两百张书页一一展开在台上。

揭开书页，寻常人随手可为的事，对古籍修复师来说，时常得耗尽心力。而拆书完成不过是刚刚起步，修书第二步才考验修书人的判断力。书，用的是什么材质？纸，补的需何种纹路色泽？

修书三十年后，2012年，阎静书才在显微镜下第一次看到纸的样子。竹纸、皮纸、棉纸、麻纸、草纸……纸的细微纹理被放大，直到占满她的视野。

"毛竹硬挺规直，皮料柔软缠绕，稻草形状则像海参。"纤维的走向，图案的形状，过去用指尖触感才能区分判断的材质，在中国制浆造纸研究院王菊华老师的助力下，有了具体的形象。铜钱孔的形状，最是让人不安。这说明纸质含木，测酸仪下酸度大，若用于补书，未来的伤害或大于此刻的修补。

好的纸张可保千年不损，而木浆纸寿命不过五十载。买纸又是一道难题，若能找到保存完好的古纸，一张可能就要三四百元。而更多古法纸，或工艺失传，或停产，有钱也无处可买。

寻常纸张，选好后还需调色。一到秋天，修书人会上山拣壳，孤山满地橡碗子，就用在这一刻。修书人用天然的材料煮出天然的染料，橡碗子水泛黄，红茶碎末水则偏红。渐变的色板，调和纸张的颜色，意在修旧如旧。通透、实用，让修缮后的古书，看起来自然和谐。

捶平、喷潮、压平、剪边、齐下脚、齐书口、打纸钉、上封面、穿上线……若要仔细清算，不同装帧的古籍，修书的工序，前前后后加起来，可列出二三十道。喷瓶、鬃刷、方顶铁锤、丝线，房间的玻璃柜里，收纳了几十种各式工具。

修补的手艺，常在毫厘之间。每一细枝末节处，环环相扣。与其说是责任心，倒不如说，这是一个向内生长的职业，修得好，不被张示，修得糙，也鲜有责难。一切成就感，源于修书先生与书的对话。

马一浮用三年读完三万六千册四库全书，而阎静书行在相反的道路上，一册书四百页，她一页一页研磨。待到一本《洪承畴家谱》修完，已是两年后。工工整整送回，从此洪家的古籍里氤氲了西湖的水汽。

空　山

清晨一路向西，从庆春路转入北山街，沿湖骑行，不多时就能到断桥。阎静书喜欢入秋后的孤山路，满地梧桐叶铺陈在白堤上，车行过，沙沙声就像她的伴奏。杭州人会在任何时候任何情况下去西湖边，但她有更正当的理由。

1981年，高中毕业不久的阎静书就走入了红楼。那时的孤山就是个大博物馆，门牌三十一号的西泠印社、二十八号的浙图古籍部，统统在二十五号的浙江博物馆用午饭。馆里研究碑帖的余子安先生，每每午时，便要向西泠印社的老先生们讨教。老不在年岁，在学识。十八九岁的姑娘跟在先生们身后，听着不甚了了的拓印与碑帖掌故，一路散步回到图书馆古籍部。路途不过百步，先生的话匣子刚刚打开，就到了图书馆门口，众人就坐在大铁门旁院子里的两条长条石凳上继续，像极了古人在六一泉边的玄谈。

1983年，文化部第一次举办大型古籍修复培训班，长江以北的同僚聚集在上海图书馆，来自福建、湖南、四川、广西等南方各省、市、自治区的几十位修书初学者则来了浙图，拜在钱蟾影门下。老手艺要有新传人。不到二十岁的阎静书，已经成了班里的半个师姐。古籍修复师，即古书的诊疗人。学这门工艺，从纸张鉴定、古籍版本判定到纺织打结都要了解，甚至还要爬山摘果子、认植物，涉猎甚广，难度步步加深。

一年的培训里，一大批未来的修书业中坚力量，从这间"黄埔军校"奔赴各地。可后来仍在这个行当里的，一只手数得出来，近四十年里一直修书的，仅三四人。这是后话。

1984年，钱蟾影退居二线，入行不过三年的阎静书，还未出师，就要开始独当一面。一朝失了主心骨，修书成了如履薄冰的险事。磨损、虫蛀、发霉、酸化……断症下药，解决问题，是出师的第一步。但这一步究竟何时能走稳，她也说不清。

《古籍定级标准》正式出台以前，从事修书这个行当的，只是图书馆小小技师，自然无人在意。古籍价值难勘，修复观念不一，时常因陋就简，修个健全已是难得，遑论美观度。

回看上世纪修复的古籍，纸张厚薄不均，新老成色不一，修复的遗憾，总那么多。

世人不知，这世上多的是字字页页困难莫测的破败古籍，还有时时刻刻不知所措的修书人。

古籍任性，前几页还清晰完整，后几页可能就糊作一团。一页书有一页之造业，修书人自有应对之考量。修旧如旧，却不是旧。人们怕旧，又恋旧。如今看来理所应当的修缮理念，也曾经过迷雾与摇摆。

因而需动脑，需想法子，书为本体，书前的人，不过与书打个配合。日复一日的房间角落，桌前一成不变的姿态里，是修书人内在的跌宕起伏，重复动作里，是不可重复的思考与机变。

入　定

2007 年，金陵科技学院开设了国内第一个古籍修复专业。师傅带徒弟的工匠体系，与当代教育课程逐步接轨，古籍修复开始系统化教学。此时国内的古籍修复师不足百人，他们面前，是等待修复的五千万册古籍。修书的工艺，与修书人的技艺，与时代同步精进。

多年后，面对省艺校的古籍修复专业的学生，受邀授课的阎静书，或会想起十八岁时的那堂入门课——把折角卷曲的书角，用清水一页页展平。

阎静书性情内敛，原也是喜静的人。但少年人心思飞扬，不拘小节，行动全凭内心。起初修书不到一小时，便要起身晃荡。简单的事重复做，这一课，难在坐定。

她不是没有坐不住的时候。1984年，在浙图当了三年临时工的阎静书捺不住，想抽身。正值新华书店公开招聘，对方听说她学过古籍修复，就动了心思，招她到古旧书店工作。前期培训一个多月后，阎静书回过神来，书店与图书馆虽然都是关于书的活计，但一者在流动，一者在坚守。售货与人打交道，修书与物好相处。语言多少有些疏离，不若文字看着亲近。思来想去，她还是回到了红楼的小房间里，继续干她的临时工，做她的修补师傅。

心定，手自然也稳。配好纸，制好浆水，从此在桌前坐下，不疾不徐。修书即修行，坐定即入定，一生如一刻。

每隔几年，古籍修复室就会来一批新人，而她已成掌门人。屋里多时六七人，少时仅她一人。时间越走越快，她看着身边人走马灯似的来来去去，偶有善友同行，不多时又自然散走。在她的徒儿里，有转业的剧团演员，有招待所的服务生。大多时候这里只是中转站，但有时心已在无意识中留下，"她们会抱怨，这个人居然直接单手提溜着书。我知道她们心里起了变化"。

敬惜字纸，是修书先生们对书的一种质朴的虔诚和恭敬。一个字但凡看久了，可以具象到一个笔画，又可以缥缈到无象，失去语言学里的含义。在修复残破的横平竖直之间，笔画在眼前飞升，成为空白，这就是禅宗。文人的孤山，亦是匠人的孤山。

2019 年，阎静书正式退休，修书的功业却未停止，只是地点换到了浙江艺术职业学院的教室和浙江省中医药研究院里。每周三，她会与五位徒儿一起，修缮研究院里收藏的中医药珍善本。

就在这一年，之江文化中心开始营建，浙图古籍部将与浙博一起搬离孤山，同省文学馆、省非遗馆，一道迁至之江四馆。孤山上所发生的高低沉浮，时常扰动杭州的文化圈。唯修书先生一动不动，心平气和，在眼前的一本书里，寻到真谛。

一口酸甜，江南滋味长

吴卓平

　　每一年的雨水时节，吴东良望着大棚中那些草莓，想晴天想得疯癫痴狂，他说只有种过草莓，才能理解阳光就是一切。草莓不好伺候，就像一个个顽童，情绪极不稳定，全程都需要被哄着，而他一哄就是三十余年。

在建德，沿着新安江旁的乡道往千岛湖方向行进，当街道、高楼、商铺渐远，空气中突然便有了宁静的意味，鸟雀的聒噪明显被放大，一幅清秀图景也慢慢清晰起来。

路旁种了果树，早熟的梨坠在枝头；大田往往被分割成数块，各色蔬菜一畦畦井然有序；而最显眼的正是分布在田间的各式大棚。

到达杨村桥镇绪塘村已是中午。车子在一处院中停下，往右是层叠的山，向左是新安江。门口立着块半新的招牌，透露了这处院落的真面目——草莓小镇，到了。

"你好，我是老吴。"

刚摇下车窗，吴东良便迎上来说了第一句话。

还没等我下车，他又撂下一句："先吃饭吧。"话音还飘着,人已钻进了院中厨房。下车一看,圆桌上已摆了五六盘农家菜,田里的蔬菜、水里的鱼、院里的鸡,都是建德这方山水间的风物。

一路上就叮嘱吴大哥不用等我吃饭,到底还是没劝住。再见到吴大哥,他从厨房门帘下钻出来,手里拿着一个作料瓶子,边往桌上的那盘蒸茄子上滴酱油,边说:"这都是农家自己种的,刚刚摘下就进了厨房,魂灵儿都还在。"

说着话,他依旧站着,给我舀了一碗鸡汤:"只给你舀一勺,不知道咸不咸,我们平时吃饭都不怎么放盐,今天你们年轻人来,才放了些,不知道手重不重。"

事实上,那一口鸡汤,因为盐的分量,显得格外鲜。于是我摇头:"不咸不咸。"

但是第二口的番茄炒蛋就不是那么回事了,吴大哥果真不习惯炒菜放盐,但一桌人却颇有默契地沉默着。饭吃了一会儿,吴大哥的儿子走进餐厅落座,尝了一口鸡汤:"啊,真咸!"又试了一口鸡蛋:"咸死了,你们怎么都说不咸?"继续尝了口鸡汤:"咸,好咸!"一桌人随即哄笑,这层人情的薄纸,就这样被真实且可爱地戳破了。

见我吃得差不多了,吴大哥岔开话,起身又钻进厨房。

这一回，他洗了一盆番茄，饱满多汁，饭后空口吃，酸甜度刚刚好，是纯纯的番茄味道。

如果时间倒退回二十年前，对人说"这番茄很有番茄味"，听着像是个很冷的冷笑话，但如今，"闭着眼睛就能吃出是什么味"，是对蔬果的一种至高褒奖，这也是吴大哥这些年一直坚持精品化种植的原因。

吃完饭，吴大哥带着我在草莓种植基地闲逛。时值7月，眼下正是他一年当中最清闲的时候，日头正盛，土地趁着高温天在捂肥除虫，园中小径也正在除草，除此之外，并无太多农活。

我为自己的"四体不勤，五谷不分"向他边道歉边开玩笑："我都分不清杂草和草莓苗。"

"刚开始种草莓的时候，我也分不清。"

建德有"中国草莓之乡"的美誉，吴东良种草莓三十余年，当地人管他叫"草莓大王"，因为他种草莓的时间长，也种得好。

而把时间回溯到四十年前，那时候建德杨村桥这一带普遍种植的作物仍是水稻、玉米、番薯。彼时，二十刚出头的吴东良从来没想过有一天他会成为建德的草莓种植大户和种植技术带头人。

面对土地，起初他并无太多想法，只是老老实实照着父亲教授的传统方法侍弄着家里的几分田地，"水大肥勤，不用问人"，是他常念叨的祖辈的经验之谈。

不过，随着草莓在这片土地上试种成功，良好的经济效益一下子点燃了他的热情。他也尝试着种了几块草莓地，同样取得了不错的效益。

回想起第一年打理草莓果园的经历，从不完美开始，直到迎接第一个春季，吴大哥觉得收获满满："最初，我只想尽快建好一个完美果园，但实际上，建完美果园是一个过程。"

建德地处北纬二十九度，浙西丘陵山地和金衢盆地毗连处，恰好位于国际公认的草莓最佳生长带，满足草莓生长的各项气候指标。

然而光有自然禀赋亦不足以成就一个庞大的产业，它的背后，是新理念、新技术的不断跃升，以及当地政府的长远规划与农人们的全力以赴。

至20世纪80年代末，大棚草莓种植技术起步发展，不甘于"小打小闹"的吴东良积极探索、大胆尝试，第一个改变种植方式，带头由露天栽培改为设施大棚种植。他一边自己种植示范，一边从种苗到技术无偿为其他种植户服务，激发了杨村桥、下涯等乡镇农户种植大棚草莓的积极性，形成了规模化、产业化生产。

一箱箱被拉走的草莓、一张张订单的背后，是建德莓农一寸寸"拼"出来的天地。更好的生活是目标，也是动力，用吴东良的话说，"不仅是为了自己，也是为了所有人"。

那几年，建德草莓实现了一次大跨越，亩收入突破一万元。

与种水稻、玉米相比，种草莓显然是个更费心也更费力的活儿。由于草莓对土地肥力消耗巨大，早些年里一块土地只能种一季，之后便需要休耕，大棚年年移动。"那几年把人累惨了，好长一段时间都直不起腰来。"

如今种植技术科学化提升，5—7月，天气最热的时候，果农把有机肥埋在土里，然后铺上地膜，吴大哥称之为养地。靠夏季的高温焐肥，整整三个月，之后无须移棚，可继续耕种。这种办法近些年才推广开来，终于省去了移棚这道麻烦的工序，然而种植过程中的辛劳，目前还没有什么新技术可以解决。

"种草莓，首先你得有好腰。"吴大哥笑了笑。

9月伊始，果农们便陆陆续续开始忙碌，需要每天到棚子里去，把每株苗的老叶子和多余的藤蔓摘去，这样才利于营养成分聚集。每株苗都要经历数不清的打叶子、揪蔓等工序，才能结出更大更好的草莓。

"晚上回家感觉腰都要断了，有时候打着老叶子，自己都不知道刚刚走过这一垄没有，头晕目眩，感觉一个大棚无穷无尽，在里面找不着北。"

草莓苗较小的时候，遇到过热的天气，还需要在不下雨的时候改善通风条件，霜冻时则需要加热保温。此外还有授粉、浇水、追肥等好多工作，"光是一株草莓苗你就要摸无数遍"。

种草莓不易，挂果之后的草莓尤甚，它们像一个个顽童，情绪极不稳定，全程都需要被哄着。吴东良哄了三十余年，才算是摸透了草莓的一些脾性。

譬如雨水时节，就需要时刻提防草莓的受涝与受寒问题。"腊月走到末了，南方往往这时才迎来真正的寒潮，"每当隆隆的春雷或淅沥沥的雨点声响起，吴大哥心里总会咯噔一下，"雨水前后，是草莓的丰收时节，也处于最佳赏味期，且挨着春节、情人节，能卖出好价钱。但草莓喜光怕涝，连续的阴雨天会妨碍果实如期成熟，或导致甜度无法达到要求。那段日子我想晴天想得疯癫痴狂，你不种草莓，你不能理解阳光就是一切。"

他也曾买来很多书学习，比如什么时候下种，什么时候收果，中间会遇到什么问题，但写到怎么防护他就不看了，用药的部分也直接翻过去，他认为学院派的有机不叫真正的有机，既然有机，为什么要频繁使用药物杀虫？在他的理解里，广泛借助外力杀虫不是生态的做法，慢慢地，他开始自己摸索。

还真被他摸索出来了：比如他会在大棚内养蜂，让蜜蜂给草莓自然授粉；使用有机生物发酵粪肥，有时还会利用玉米秆子，给种草莓的土壤补充营养；设置捕虫袋，用物理方式抓虫；在采摘时严格按照色卡比对，不催熟早采，只采摘成熟度在八成左右的草莓，它们不仅香气、滋味最为浓郁丰厚，且更便于保存。

作为国家地理标志登记保护农产品，一颗贴上"建德"标签的草莓，意味着它有明确的身世和更为严格的标准体系。首先，果形要端正、饱满，果面要光泽亮丽，果肉要质地细腻、口感纯正、香味浓郁，大果和中小果分别有单果果重标准，甜度和酸度也有标准阈值。其次，还有一整套的技术标准和管理规范，从土壤的持续改良到肥料的规范使用，乃至包装销售，都有着严格的标准和细致的方法。

当然，不管标准如何严苛、技术如何进步，吃草莓的要诀依然是快。快，不是跟人抢，而是保证新鲜度。与一般水果不同，草莓是一种几乎没有仓储环节的水果，从被采摘下来那刻起，赏味期便要以小时来计算，一般以七十二小时以内为最佳。

红颜草莓更是如此，从果园到舌尖，耗时以不超过两天为宜。红颜草莓也是目前草莓基地里的主要种植品种，作为浙江人的心头好，由三九迈向四九的严寒天气里，倏然在舌尖绽放出一抹春的怦然，着实是一种很奇妙的体验。

红颜草莓为啥这么好吃？

吴大哥告诉我，这源自强大的"血统"，它由草莓界的"大咖"幸香和章姬杂交而成，既继承了父本幸香脆嫩耐存储的特点，也拥有母本章姬芳香甜润的口感。因为颜色亮丽，被人们赋予了红颜这样浪漫的名字。

除了红颜之外，如今基地里还种着建德红、建德白露等由省农科院培育的本地化品种，以及几个试验性质的品种。

"为什么要不停地研发新品种呢？"我明知故问。

"当然是为了最原始的愿望：更香更甜更多汁。简单来说，就是更好吃。"

事实上，沿着草莓种植发展的轨迹回溯，这一心愿在草莓种植最初就已经确立。草莓最早被记载是在1世纪，出现在古罗马诗人维吉尔和奥维德笔下。当时的草莓只是一种又小、口感又粗糙的小野果，即使它富含维生素C、钾，以及对心脏健康非常有益的鞣花酸、黄酮类化合物，但架不住难吃，一直到1714年都无人问津。

人们将耐寒的弗吉尼亚草莓和大果实的南美智利草莓杂交，这才诞生了浓郁香甜又大颗的现代草莓"大果凤梨草莓"。

"品种与品种之间的区别，除了外观，当然就是口感、风味。因此，想要吃到更鲜甜的草莓，从品种入手改良准没错。"

种草莓这么多年，吴大哥依然坚持当初的观点——让大家都尝到甜头，是件有意义的事。吃既是一种欲望，也是一种克制。对于吴大哥来说，三十余年走过来，他对草莓种植的理解，远不能用一句话概括，套用一位老顾客的话，就是"三十余年做一件事，把它做到极致，一定能做好"。

没有光，就成为那道光

李　晚

2022年，这个乐团的故事经媒体报道，就像惊蛰时节里的平地一声雷，惊醒了整个春天。老话说"瞎子打灯笼"，这一次，曾经"被消失"的盲人，选择站在灯光下，站在舞台上。

吉他递到龚朴手里，他轻抚琴弦，问了一句：

"现在几点了？"

"十一点。"

"日上三竿，一日过半，那就唱一首《岁月中秋》。"

他的歌声里有内蒙古的深沉和辽阔。歌词讲的是人过中年，怀念旧时光。

我听不懂蒙古语，他看不到天光。我们都对这一刻一知半解。

但他说，这个时刻很重要，要唱一首此刻的歌。

一

这大概是这次交谈里最沉静的时刻。

我当时没有太懂，对一个看不到钟表和日头的人来说，时间究竟以怎样一种具体的形式被感知。后来在歌声里猜想，时间的纵深或许比空间的广阔更为具体。它可以是架子鼓的节拍，也可以是一首歌的流淌。

一曲唱罢，对话继续，房间里很快又欢脱起来。

很难想象，和盲行天下乐队聊天的过程，竟如此百无禁忌，全是"笑话"。

出发前我深思熟虑，谨言慎行。这是一次特殊的采访，对象是一支由盲人组成的乐队。乐队四人中，年纪最小的才十九岁，最大的不过二十四岁。我想好了开场白，以及所有能说或不能说的话。只是我没想到，后来那些我觉得不能说的话，都让他们自己给说了。

键盘手老郭讲自己出门被人撞，对方喉咙梆梆响吼他"你瞎啊"，他理直气壮地回"我就是瞎啊"，怼得人哑口无言。

鼓手龚朴说住不惯公司环境优美的大房子，打着响指找方向，结果掉进小区池塘。

主唱玉婷看着羞羞涩涩，却会在成员分享恋爱史时，冷不丁来一句："都是瞎子，怎么看对眼儿的。"

唯有吉他手申旭最少言。他是最后一位加入乐队的成员，来杭州不过一个月，因而暂时保持着与其他三人不同的紧张。

老郭有一个巨大的黑色双肩包，每次出门，你可以在他的包里找到你需要的几乎所有东西。墨镜、纸巾、手电、充电宝、充电器，甚至垃圾袋、筷子、笔、吸管等等，就像装着一整个家，随时可以出逃或抵抗一切灾难现场。这份谨慎里包含着不安，更包含着自立。他符合我对盲人群体的既定印象，也打破了我的既定印象。

龚朴与他截然相反，除了必备的盲棍，出门重要的东西就三样，"手机、香烟和打火机"。在公司有时甚至不用盲棍——玉婷调侃这些"老盲"："他们只需要远远吆喝，嘿我在这儿呢，别来撞我。"

老郭是个体面人，每逢采访西装革履，白衬衣黑西裤，头发梳得一丝不苟。他会主动热络地牵引话题，打破陌生人间最初的局促。二十四岁的年纪，已经是一副游刃有余、玩转江湖的老大哥模样，以至于龚朴最初误以为他是个"狡猾的南方人"。

当我提出想听歌时,老郭会迅速起身,拉开房门,走出房间,到隔壁拿来吉他递给龚朴,动作流畅得使我差点忘记他眼盲的事实。照顾与被照顾的身份倒置,我那一瞬的无措,被辛子捕捉到,她笑笑,跟我说:"你不用管他们。"

聊到后来,老郭偶然提到一嘴:"有的人可能一生只见过一个盲人,那个人可能就是我,那么我代表的就是盲人群体的形象。"

二

乐队于2021年成立,老郭是初创成员之一。那时候老郭来杭州还不久,一来推拿行业流动性大,二来性格使然,这个甘肃小伙子十六岁起在上海、广州、苏州等地四处打拼,来盲行健康前,刚刚经历了疫情下的创业失败,丧得不行,成天坐在楼下抽烟思考人生。

没想到一段无心拍摄的视频,重新点燃了他的生活。起初只是盲行健康一块儿做推拿的哥儿几个闲暇时的嬉闹,在琴行里即兴弹奏了一段。谁知发在公司群里,引起了大老板的关注。

老板林启民是台湾人,军人出身,一直保持着推拿的习惯，来大陆后创办了盲行健康，一力带动行业升级，将推拿做成和SPA、泡汤一样的品质休闲娱乐。在台湾，推拿并不是盲人从业的唯一选择，甚至在萧煌奇的带动下，大批盲人朋友从事文艺行业。"老大一直很疑惑，好像我们这儿喜欢玩音乐的很少。直到那天看到老郭他们玩乐器的视频。"在林启民的支持下，盲行天下乐队成立。

乐队排练室隔壁就是培训室，新来的推拿师会在培训室里练习技法，直到培训成熟后上岗。王玉婷就在隔壁一日一日听着乐队排练。那是2021年春天，小姑娘从河北来，十八岁，第一次下飞机到杭州，闻到空气里有一种雨过天晴的清新。这种湿润的气息在北方很难得，她很久以后都记忆犹新。但她在杭州最初的一段时间里并不如预想的快乐。

在辛子印象里，每每看到她，她都是培训室里满目愁容的样子，后来才知道，因为无法适应推拿师的技术要求和工作节奏，刚来那段时间，她时常哭湿枕头。唯有在每天中午休息的时间里，她会溜进隔壁的排练室，和乐队的成员们一起玩一玩。某一次，摄影小哥记录下了玉婷主唱、乐队演奏的一段歌曲，那首歌叫《明天你好》，一举惊艳了老板在内的所有人。于是她加入乐队成为主唱。

三

为了提升乐队的专业水准，在林老大的支持下，成员们陆陆续续在外进修、学习，偶尔回来担纲飞行嘉宾。就在老郭物色新成员的时候，朋友提到了龚朴的名字。

这个出生于2002年的内蒙古小伙子，年纪不大，名声不小，在圈子里也算大佬。他是这个房间里众人公认的天才，拥有绝对音感。七八岁起学古筝，十岁起专注蒙古族传统乐器，马头琴、托布秀尔、图瓦三弦，大大小小拿了不少奖，由此发掘了音乐天赋。2015年起开始弹吉他，2019年考入贵州盛华职业学院的音乐学院，读爵士小号专业。当年，学校只招了两个人，一个是他，另一个是申旭。2021年毕业后，他留校任教，担任爵士小号和视唱练耳的双专业老师。可你跟一个天赋异禀的少年人谈工作稳定、谈生活安逸，他只觉得没劲。

在迷茫的当口儿，一个"狡猾的南方人"来和他套近乎。巧在他们儿时在同一座城市里念过书，巧在龚朴就是老郭妈妈口中别人家的孩子，老郭计谋得逞，龚朴愿者上钩。一个电话，一拍即合。龚朴简单问了问工资水平、生活状态，老郭也很坦率："唯一的问题是，我们水平比较臭，大佬带带我们。"三两句话，龚朴答应来杭："没事，我来拯救你们。"很久以后老郭才知道，这个并不冲动的大兄弟，在做完这个爽快的决定之后，被老师、朋友连番轰炸，"有一回，一个老师从晚饭后六七点，足足劝到隔天凌晨四点"。

但没有什么可以抵挡少年热血。当龚朴终于交接完手头的工作，奔赴杭州以前，他问乐队经理辛子的问题只有一个：乐器有点多，寄过来给不给报销。辛子不明就里，不就是几样乐器，能有多少钱，报报报。结果人还未到，乐器已寄来了整整两大箱。辛子几乎是哭着付完邮费的。

今年年初，他又把老同学申旭扒拉来了杭州。申旭看起来没那么"野"，但是见过的世面绝不比前几位江湖大佬少。他从小学鼓，从太平鼓、花盆鼓，到非洲鼓、康佳鼓，无一不通。他的鼓乐班曾在央视《群英汇》里拿下头奖，由此认识了视障音乐人李广洲。2015 年，在李广洲的资助下，学校引进了一批电吉他、架子鼓，他又开始自学电吉他，和同学组了人生中第一支乐队。龚朴招呼他时，他正在河南老家的酒吧里做乐手。

和龚朴的神兵天降很是相似，辛子甚至未能和这个小伙子谈上一谈薪资报酬，他已经答应要来。老郭瞧她顾虑甚多，坦笃笃地跟她说："没事儿没事儿，来了再说。"

这和杭州的城市性格很像。一次夜里，老郭在马路上行走，碰上一个六七十岁的本地老大爷，看他眼睛不好，就激动地过来搀他。"他自己吃过老酒摇摇晃晃，还说要领着我走。"杭州人的性子里，就有一种放任的坦率。没有什么是一顿老酒解决不了的，如果有，那就两顿。

看不清全貌的事情，时常让人恐惧，但或许因为从来也看不着，倒让盲行者们养出了超出常人的果敢和坦荡——机会不可失，而我无所可失。

四

申旭到来后的头几天，老郭还没摸清这家伙的底细，热热络络地给他介绍排练室的设备，领着他一个按钮一个按钮地认调音台。申旭也不太反驳，只说"我知道的我知道的"。后来老郭才反应过来，这家伙是音频器材、声卡架设的高手。至此，四人集结，盲行天下乐队的骨架也逐步伸展开来。

申旭和龚朴住在奥体附近的宿舍里，上班要坐五站地铁。每天清晨六点半，申旭的一日就开始了。早起做饭，收拾收拾，八点出发，五十分钟后就能到公司。他是几人中唯一还有光感的，多数时候，他会领个头，后面搭着肩跟一串儿。就像今天，辛子的存在看起来也可有可无，进了房间，申旭敲敲茶几台面，几人就自然地开始摸索方向，找到位置。

每天的排练，从调音开始。调音台的主人是申旭，他会提前设置，为乐器接线调试，确定成员站位。上午成员各自练习单人的内容，下午"合体"排练。申旭负责"硬件"，龚朴则主导"软件"。

在龚朴的记忆宫殿里，音乐一经入耳，会自动拆分排列成一条条清晰整齐的音轨。只要听过，他就可以把编曲扒下来。扒谱往往是开始排练前最耗费成员精力和心神的一样工作，盲人无法读谱，也没有一个统一的记谱方式。申旭的办法是将不同曲目的关键锚点存在手机备忘录里，只要想起一小节，就能自然联系出一整串儿。

每月一次内部汇报演出，曲目由成员自己决定。起初大家能力有限，选择范围很小，随着培训和排练的进展，成员们的功力越发强大，汇报演出的曲目库也越来越大。

2022年，这个乐团的故事经媒体报道，就像惊蛰时节里的平地一声雷，惊醒了整个春天。老话说"瞎子打灯笼"，这一次，曾经"被消失"的盲人，选择站在灯光下，站在舞台上。

　　获得无数关注之后，商演的机会也越来越多，这令人欣喜，也需要人保持足够的冷静。成员与公司并不打算陶醉于这短暂的光环，而是选择修炼好本职功夫，让听众抛开同情或猎奇的念头，被纯粹的音乐所打动。盲行者的路，仍在继续。

春风十里，放放放放放风筝

张小末

　　每年春天，程迪申都会想起小时候在村口放风筝的情景。十岁时，他曾模仿着做了第一个风筝，拿到城隍山上去放，但并没有成功，后来在风筝艺人的指点下，他才领悟到制作的窍门。

应该在春天去见程迪申。

"春天太忙了，各路媒体都来找我，有时候都来不及招呼。"头发花白的程迪申一边指导孩子们画风筝，一边朝我摆摆手道。

每一年春和景明之时，我总想起《帝京岁时纪胜》中的一句话："清明扫墓，倾城男女，纷出四郊，担酌挈盒，轮毂相望。各携纸鸢线轴，祭扫毕，即于坟前施放较胜。"

时至今日，依然如此。每年春天，踏青与放风筝是两件同样重要的事。

天上风筝缠绕，地上人儿追赶，在间株杨柳间株桃的西湖边，在烟波浩渺的湘湖畔，在杭城每一个社区公园，人间烟火，一派欢闹景象。

这是风筝手艺人程迪申一年当中最忙碌的时候。

一

7月初的某个周末下午,杭州城高温天伊始,亦是又一年暑假,我去拜访程迪申。

杭州工艺美术博物馆内,前来参观的孩子与家长络绎不绝。乘电梯到二楼后右拐,一条巨大而醒目的"中华龙"风筝悬于空中,程迪申的工作室便在此处。

开放式的工作室,一眼望去,满墙都悬挂着他亲手制作的风筝,既有大型威武的"中华龙"、老虎,也有中型尺寸的金鱼、老鹰、沙燕,亦有许多小型的蝴蝶、蜘蛛、脸谱、蜻蜓、知了、宫灯,一只体型迷你的"小燕子"正在半空绕着圈飞翔,五彩斑斓,甚是好看,吸引了不少参观者。

工作台边,两三个孩子正在专心致志地画风筝。程迪申时而指点孩子们该怎么制作小风筝,时而端坐于工作桌前,背部挺直,双目炯炯有神,聚精会神地绘制着龙头,精神矍铄,毫无垂暮老人的样子。

"作为一个土生土长的杭州人,我从小就喜欢放风筝,这是我们的传统爱好。"程迪申说。

工作室的墙面上贴着一副小画，一个孩童仰着头，正在放飞一只燕子风筝，旁边题了清人高鼎《村居》一诗："草长莺飞二月天，拂堤杨柳醉春烟。儿童散学归来早，忙趁东风放纸鸢。"寥寥几笔，神韵盎然，颇有些丰子恺先生画作的意味。

程迪申说自己总是想起小时候在村口放风筝的情景。十岁那年，他模仿着做了第一个风筝，拿到城隍山上去放，但没有成功，后来在风筝艺人的指点下，他才晓得制作的窍门。

之后那么多年，他一次次手拿牵引线随风而跑，风筝在他的操控下飞上云霄，他深深地迷恋着这种自由自在的感觉。

二

"梨花风起正清明，游子寻春半出城。"仿佛伴随着春天的，便是风筝这个词语。

清人赵昕在《息灯鹞文》中如此描述康熙年间上海附近春日放飞灯鹞的情景："照耀碧城，姮娥惊顾；纷纭绀霄，飞琼罢舞。"天空中一片灯火，月光为之失色；风筝摇曳在尚有霞光的天空中，有如暂息歌舞的琼玉，非常美丽。帝王的喜好自然让匠人们愈用其巧，风筝制作技艺越发精巧，材质与造型越发丰富。更有别出心裁者,在夜晚将五彩灯笼挂于风筝上放飞,"加经金支,烛若银烂,擎如军持,星斗五夜,电绕四垂"。

诗人高骈的《风筝》一诗,是这样写的:"夜静弦声响碧空,宫商信任往来风。依稀似曲才堪听,又被移将别调中。"

装上竹笛的风筝划过寂静夜空,留下美妙的弦声,多有雅趣啊!

至南宋时,风筝已是临安城中一项比较受欢迎的户外活动,甚至出现了放风筝比赛和专门放风筝的艺人。

周密在《武林旧事》中曾提到一种名为"斗风筝"的游戏:"桥上少年郎竞纵纸鸢,以相勾牵剪截,以线绝者为负。此虽小技,亦有专门。"

杭州人喜爱放风筝(又称鹞儿)的传统,确是由来已久。眼前的程迪申亦如是。

每一天,他骑着电瓶车到良渚地铁站,携带着制作风筝的材料,乘坐二号线,换乘五号线,到达大运河站,又步行十几分钟至杭州工艺美术博物馆,所爱所念都是"风筝"两个字。

三

"你知道吗？曹雪芹其实是一个风筝大师。"关于风筝的话题，竟然是从曹雪芹开始的。

曹雪芹所著的《南鹞北鸢考工志》一书，留下了关于传统风筝的"四艺"：扎、糊、绘、放。这部书因具有极强的可操作性，在当时的民间被广泛传阅，甚至成为某些风筝艺人传家的生存必备手册。曹雪芹本人就是一位风筝制作高手，其制作的风筝造型独特、飞得很高，人称"曹氏风筝"，在乾隆年间被誉为京城风筝"四大流派"之一。

如此，便想起《红楼梦》里关于放风筝的场景了。

暮春时节，众姐妹在大观园内放起了风筝，什么七个大雁风筝、大螃蟹风筝、大红蝙蝠风筝、软翅子大凤凰风筝……只要有线，什么都能上天。而心软的黛玉当然不忍剪断牵线，李纨劝道："你更该多放些，把你这病根儿都带了去就好了。"

迎天顺气，拉线凝神，随风送病，有病皆去。

原来如此。

"第一个步骤是扎，扎就是扎骨架，包含设计、选材等环节，一个风筝能不能放飞成功，设计至关重要；第二个步骤是糊风筝，也就是把画好的蒙面糊到风筝骨架上去；第三个步骤是绘画，画面如同人的脸，是风筝给人的第一印象；第四个步骤是放飞，风筝能不能飞起来，取决于放飞者提线的操作和对风的掌控。"程迪申细细说着传统的工艺流程。

"这些流程听起来简单，实际制作起来却非常考验手艺，各道工序都十分讲究，集雕刻、雕塑、绘画、木工等技能于一身，这样做出来的风筝才能'活'起来。想要风筝飞得高，则要充分利用材料力学和空气动力学的原理，好的风筝要做到'二级微风能起，六级强风能抗'，不能飞的风筝是没有灵魂的。"

青年时，他参加单位工会组织的职工风筝比赛，第一次获得奖项，谁又能想到，命运的齿轮就此转动，风筝制作的大门就此徐徐打开。

近四十年来，他创作了大大小小五千多只风筝，种类多达几十种，有龙串类、软板串类、软翅类、硬翅类、立体类等。从比手掌小的风筝到近百平方米的风筝，从二米长的"中华龙"到二千零二十二米长的"亚运龙"风筝，全都成功放飞。

1999 年到 2018 年，程迪申多次参加全省、全国的风筝比赛并获得金奖，被评为"杭州市民间工艺大师""杭州市工艺美术大师"。

四

热爱可抵岁月长。

每一天，他从工作室回到家里，晚饭后到晚上十点左右，他都独自在阁楼上度过，研究风筝的新造型、改良工艺，这是他最大的乐趣。

程迪申最擅长制作动物风筝，大到巨龙，小到沙燕，每一只都色彩绚烂、栩栩如生，但在他的内心，最爱的始终是"中华龙"，这正是他的微信名。

"我的想法很朴素，龙是中华民族的象征，制作为成品后气势磅礴，一旦放飞到天空最为壮观。"

2008 年，程迪申萌发了制作一条"中华龙"向祖国献礼的想法。他提前一年开始准备，画图纸，做模型，一比一进行正式制作。从制作龙头、龙筋，再把一片片的身体连在一起，最后缠上线，这条长约两百米、身宽八十厘米左右、材料重达几十公斤的巨龙风筝，直到 2009 年上半年才正式试飞。为了确保顺利放飞,他改良了传统工艺,加了一条中心线,使得受力状况完全改变,骨架不需要很重,第一次试飞就获得了成功。

此后,他不断研究改良"中华龙"的制作工艺,提高制作水准,技艺愈见纯熟与高超。

2022年,程迪申制作了一条全长二千零二十二米的"亚运龙"风筝。整个风筝制作周期长达三个多月,龙身由亚运会三个吉祥物组成,撑起风筝的竹条有一千多根。经历反复试验、手工打磨,这条"亚运龙"试飞几十次后,最终在良渚古城遗址公园成功放飞。其造型大气美观,又飞得高而轻盈,两者取得了完美的统一。

在一次次成功放飞"巨龙"后,他被人们称作杭州的"风筝王"。

五

每一年,除了潜心研究制作风筝,程迪申还带队参加省内外各项风筝比赛。在参加国内风筝大赛的过程中,他看着一支支来自天南海北的风筝队,意识到要将技艺传承下去,需要补充更多更年轻的力量。

虽然孩子们喜欢风筝，但不得不承认，这门手艺在如今面临着式微的境地。"风筝是传统技艺，承载着中国人的美好祝福，对于每个孩子来说，每年春天放风筝是件大事，我想将这门手艺不断传承下去。"

他坚信，被大家喜欢的东西一定是具有生命力的。

2011年，杭州工艺美术博物馆开馆后，程迪申作为风筝技艺传承人应邀常驻在馆内二楼。他开设了"周末课堂"，教授孩子们风筝制作技艺，这也成为美术馆内的热门课程之一。在他的耐心指导下，许多孩子成功制作了属于自己的第一只风筝。

"学习风筝技艺耗费时间，将手艺传承下去并不是一件容易的事。"从画风筝面到粘骨架，再到一点点在骨架外侧刷上胶，把风筝面儿粘上，讲究的是严丝合缝，之后就是缠上线，等胶干掉后试飞。一只造型简单的小风筝，制作起来起码要花费两个小时，第一要素便是静下心来。

为了传承风筝制作技艺，他热心地参加街道、社区、学校组织的活动，尤其重视与学生的互动交流，多次将风筝制作技艺送进校园"非遗"传承基地、文化礼堂、假日学校。从幼儿园到大专院校，他都曾前去教学，希望让更多年轻人领悟到传统文化的魅力，学习传承风筝制作工艺。

2020年，余杭区瓶窑镇建了一个六百平方米的风筝灯彩馆，对风筝和灯彩两项"非遗"进行保护，程迪申不辞辛苦地往返于良渚、瓶窑、拱墅三地，与瓶窑镇文体中心一起招募了风筝爱好者和愿意学习这门古老技艺的年轻人，组建了一支传统风筝队，手把手亲自教授，他的妻子与儿子也都成为传承人，与他一起继续学习和发扬风筝制作技艺。

他有一个"伟大的计划"，希望将毕生技艺倾囊授于传承人，与他们一起，将属于杭州的传统文化，用一只只鲜活的风筝放飞于天空中。

走，吃茶去！

孙昌建

　　绿茶贵新，黄酒贵陈。所以茶农郑森法在清明前后的那半个月里，格外地忙碌和劳心。一帮茶客朋友都会说，等谷雨之后再去森法那里吃茶吧。

一

清明时节雨纷纷，这是一千多年来人们对清明最为直观的印象，然后才有路上行人欲断魂之说，因为伴随着雨纷纷的，就是扫墓、吃青团等属于民俗范畴的行为，或者说就是一种集体记忆吧。

然而对于杭州的茶农来讲，清明是一个门槛，这便是农事与节气的关系。在杭州，但凡讲起西湖龙井，总会提到另一个名词：明前茶。具体说来，在清明前后的那半个月里，茶客们说得最多的三个字，不是"龙井茶"，而是"明前茶"。

绿茶贵新，黄酒贵陈。

所以茶农郑森法在清明前后的那半个月里，格外地忙碌和劳心。一帮茶客朋友都会说，等谷雨之后再去森法那里吃茶吧。

郑森法是西湖区转塘街道长埭村村民，已在这个茶乡生活了一个甲子。

对于杭州来说，龙坞这地方，是这些年才热起来的。所谓这些年，指G20杭州峰会之后，杭州人时常会在微信群里呼朋唤友：走，去龙坞吃茶。

是的，吃茶去，杭州周边都是好去处，可如果按照一波接一波的潮流节奏来说，第一波都在西湖边，如青藤、湖畔居，第二波是去梅家坞，第三波是到茅家埠，而现在的第四波，则轮到了龙坞。只是前几波仍是好去处，也就是说，杭州处处有好茶，一波更比一波新。

龙坞原来是个独立的乡镇，后来并进了转塘街道，要知道现在的转塘已是大转塘了，学艺术的人喜欢称它为"转塘帝国"。中国美术学院、浙江音乐学院，还有集结了浙江图书馆之江馆、浙江省博物馆新馆、浙江省非遗馆和浙江文学馆的之江文化中心都在转塘，还有云栖小镇、凤凰创意园。想抽烟的有利群卷烟厂，闻一闻气息似乎都能过把瘾；想学习上进的有市委党校——"我在党校学习"，有的朋友常常在微信群里这样说，那等于是发出一种信号：我这几天雷打都不能动了。

　　本文的主人公郑森法就是土生土长的龙坞长埭人。他方正敦实，说话有板有眼，普通话说得也还可以，原因是他早年当过兵。他既接地气，又接"天线"。什么意思呢？就是要说一些台面上的话他也是会说的，因为他当过村书记。

　　到了龙坞，你可能一下子分不清里桐坞和外桐坞，也搞不清上城埭和长埭的区别，而有一个村干脆直接就叫茶场村。长埭在哪里？原先你会对不熟龙坞地形的人说，上城埭有个大茶壶的。不过后来邻近的长埭也搞出了一个大茶壶，所以导航软件有时也会搞混，但是你不用怕，去森法家里吃茶，只要导航到"大山脚"就可以了。

二

　　第一次见郑森法，带我去的郑立宗叫他森法书记。郑立宗原来是龙坞乡的笔杆子，后来进了华数公司管机顶盒。森法书记招呼家人给我们泡茶时讲的话像是闽南口音，我便好奇。这些年我有个癖好——从他人的口音中猜他是哪里人，比如金华人、宁波人等，也可以具体到是哪个区、县（市）的，是东阳人还是义乌人，是富阳人还是桐庐人，而且颇有心得。这种事情往往是这样的，错了十次，只要蒙对一次，那一次便可"青史留名"。

当森法说出闽南口音时，我忍不住就问了，这才知道他们祖上是从温州平阳移民过来的，那是在太平天国运动之后，虽然到了森法这一辈已经是五六代过去了，但他们在自己家族之内，还顽强地保留着方言的基因。

森法家的周边，四处望去皆是茶园，那是看上去很舒服的绿色。所以话题也是要从茶叶说起的。虽然我们都是谷雨后去的，但聊天的话题还是从清明说起。

清明前为什么不去？因为这是他一年里最忙的时候。我们知道森法从村书记位子上退下来已经有些年头了，开始他在当时颇为热闹的"未来世界"乐园当工会领导，后来"未来世界"结束营业，他又回到了更为现实的世界。做什么呢？靠山吃山，还是做茶叶。

森法说家里人是世世代代做茶叶的，左邻右舍也都是茶农，人人有个几斤几两都是知道的，但是一只手伸出去，五个手指有长短，十只手二十只手伸出去也是这样的。这些年森法就做了一件事，什么事情呢，那就是做茶农互助组，把二十几户茶农联合起来，统一收青叶，统一炒制，然后八仙过海般销售出去。

　　说起这一点，森法说这还是他做书记时留下的习惯，现在不是讲共富吗，那怎么才能做到共富呢，互助组就是一个办法，否则你两三亩，我三五亩，人人家里都搞制茶机，那也犯不着呀，而且绿茶都叫龙井，红茶都叫九曲红梅，这些公共品牌要用是没有问题的，但失去了个性，茶叶不一定好卖。何况每家每户都炒茶都卖茶，那怎么可能呢？

　　大道理森法在学习强国平台上已经讲了，跟我们这些朋友交流，他都是说大实话的，而且很坦诚，青叶多少钱一斤，工钱多少，明前茶多少斤，谷雨茶多少斤，清清楚楚，明明白白。一年下来，卖掉多少，还剩多少，一本账清清爽爽，不藏着掖着。有的时候他会给我们泡两杯茶，一杯明前的，一杯谷雨的，让我们比较一下。而我们这些人，虽说也是老茶客，但要说有多少精准，那是完全谈不上的，而且喝茶有时也讲个心境，独自一人细品和数人一起聊天，哪怕喝着一样的茶，感觉也完全不一样。

　　后来发现森法这样做的目的，是想告诉我们，世人太迷信明前茶了，这就出现了一些现象：大家都捏着秒表，拼命往前赶，都想破纪录。这一是在品种上做文章，群体种虽受保护，但种龙井43#的越来越多，因为这个品种差不多在3月中下旬就可以采摘了，的确是好。一天一个价，这是铁定的规律，而清明节一到，等于大闸关上了。打个不恰当的比方，你跑进清明前，就好比获得了奥运参赛资格，而门外的，等于是自己玩玩了。

"可以前不是这样的，本人从小是在茶场里长大的，准确地说是小学低段和中段就生活在茶场里，可以说是闻着茶气长大的，虽然那时我并不特别喜欢这种咪道（味道）。那个时候也的确是清明前后就要收茶叶了，但明前茶的概念没那么热。"

"话又说回来，两杯龙井，一杯明前，一杯谷雨，哪一杯好喝呢？"

答案我们是知道的，最多再补上一句，萝卜青菜，各有所爱。

森法说明前茶味道是好，但谷雨茶也不差，老茶客是好谷雨茶的，性价比也高，何况浙江还有不少高山茶，根本不可能明前采摘，如果一味推崇明前茶，那高山茶的活路在哪里呢？

森法说这些时，嘴里不时嚼着茶叶，像是在嗒（品尝）咪道似的。

这个咪道实在还是有不少道道的，比如说某年雨水偏多，茶的香味就要打个折扣；而在炒制或储藏环节，也大有文章可做。以前我们家里都有一个石灰缸（罐），就是用来放茶叶的，新茶特别是明前茶，在缸里放上一周至两周，把潮气都"杀掉"（去掉），茶叶的香味就上来了，而且对胃寒的人影响就不大了，所以森法会对我们讲，现在大家都把茶叶放冰箱里，保鲜是没问题了，但要增香是不可能的。

三

我有一个体会，跟森法吃茶说话不会太累，因为他不会说茶文化那些大词，因为吃茶就吃茶嘛，说点闲话，或者八卦也可以，一说文化就容易头大，如果再说什么电视上常说的那几个词，我就要上洗手间了。本来嘛，人生开门七件事，柴米油盐酱醋茶，如果天天讲文化，柴文化醋文化，那一顿饭要做到什么时候啊，所以我主张吃茶就是一人一个杯子，玻璃杯可以，瓷杯也可以，但千万不要用一次性杯子。

"我不太喜欢工夫茶式的喝法，咪一口就没了，再咪一口又没了，就像喝白酒似的，好像永远喝不够。对了，喝茶是越喝越清醒的，不像喝酒，所以谈恋爱的时候，茶和酒是要分清楚的。"

不过说归说,森法对明前茶还是高度重视的,因为这就是饭碗啊,但是他说不能做拔苗助长的活呀,虽然那些天他常常接到催问的电话:人家早就有了,你这里为什么还没有?他说三言两语真的讲不清楚。他说我们真应该珍惜现在龙井茶发展的好时机,他说他年轻当兵的时候,龙坞一带的茶都叫旗枪茶,茶叶的品质很好,但那时吃茶还是有点奢侈的,一般老百姓就吃点茶末末,要不就是吃夏茶秋茶,明前茶谷雨茶自己是舍不得吃的,但舍不得吃又卖不出什么好价钱。一开始是卖给供销社,后来供销社不收了,再后来转塘的茶叶市场起来了,那就是八仙过海各显神通了。那时有好茶叶,但卖不出去,或者卖了也卖不出好价格,现在也有好茶叶,但是大家"好"了还想"好",这个事情就麻烦了,而且现在做茶叶的成本是越来越高了,之所以谷雨茶摘了之后不再去采摘,原因是采摘工也叫不到,就算叫到也付不起这个工钱了。

前几年森法注册了一个品牌"之江工夫茶",主要是做红茶用的。近十年来,森法潜心研究做红茶的工艺,已经有了不少心得,特别是在红茶的香味和耐泡程度上,有不少独家秘诀。最早我喝红茶,总会喝出霉干菜的味道,汤色也很相近，包括最早喝普洱，好像也有一点点霉味。现在在之江一带，红茶很有厚积薄发之势，但绝大多数用的还是"九曲红梅"这个公共品牌。

一做红茶，等于把战线拉长了。本人虽然自小生在茶乡，是在茶场里长大的，但也是五谷不分的这一类人。原先我以为白茶在茶园里生长时就是白色的，红茶就是红色的，直到前几年到周浦灵山，才彻底扫了盲，原来红茶是鲜叶经过发酵做成的，打个比方，等于是芥菜做成腌芥菜，是一个从青变红的过程。做红茶，难的就是这个过程，这个过程用两个字来概括，就是功夫。当我们说功夫在茶外、在诗外时，这功夫首先应该是在茶内、在诗内，而这些茶内、诗内，说白了还是做人。从这一点上来说，人品等于茶品，品茶犹如品人。好的红茶，其他我讲不出，我只感觉一是有香味，这是茶叶的香味而不是香精的香味；二是耐泡，不要说三泡，就是五泡、七泡也没有问题，所以特别是上了年纪，我以为喝点红茶嗒嗒咪道还是不错的，尤其是在隆冬时节。

森法好交友，这跟他当过兵、当过村干部，又在企业做过事有关，但他也不是把皮鞋擦得煞煞亮（亮闪闪）的那种人。到他那里吃茶，快到中午饭点的时候，我们说去村里那几家土菜馆吃吧,他说不,自己烧很快的,于是一个电话过去,送肉的、送河鲜的来了,他围裙一围,马上就是大厨的架势。不到一个小时,五六只菜做好了,有荤有素,吃起来也的确是十分有味道的。有的时候就是普普通通的菜,比如螺蛳,只要季节对头,我们就会爱不释"口"地嘬个不停,因为都说清明螺赛肥鹅,清汤也好,酱爆也好,只要螺蛳好,养得干净,那就是很好的。

吃菜是这样,吃茶是这样,做茶也是这样。对于森法来讲,清明是一个门槛,但是他很是坦然,来来去去都很坦然,明前以做绿茶为主,谷雨以做红茶、工夫茶为主。有的时候我发现,森法喝下一口红茶,犹如喝了一口黄酒一般,脸也会酡红起来,真正进入了一种好状态。

因为阳光打在了森法的脸上,也打在我们脸上。

因为这把伞，期待一场雨

周华诚

对待一把伞最好的方式，还是撑起它，走在具有江南味道的场景里——西湖边，山道上，芭蕉绿荫夏日，小桥流水人家。

隔着纸，雨水啪嗒啪嗒地落在伞面上。这声音真好听！清脆，利落，像是雨的脚步声。

伟学喜欢听雨声。他喜欢撑着油纸伞走在山村小路上，远山间飘浮着白色的雾气，草木的气息将人萦绕。雨落在山村的瓦背上，啪嗒，啪嗒。雨落在芭蕉叶上，啪嗒，啪嗒。雨落在老屋顶上，再沿着屋檐滑下来，啪嗒，啪嗒。

伟学进了老屋，把油纸伞收了。屋外因为雨水滋润而特别鲜亮的绿色，就一下涌进窗子里来。

多好的春天呀。

这时候，村里的大伯大婶们，前前后后，陆陆续续，也来到这间老屋子里。大家相互打招呼的声音响起。"哎呀，我刚才路过竹林，看到好多的笋啊。一夜之间，就长了那么高！"

另一个就说："今年是大年呢，听说笋多得卖不起价钱。"

"不过，变成竹子的话，也可以给我们做伞吧。"

就这么絮絮地说着话。

村子里的大伯大婶们都是这样，他们日常的生活，总是让伟学觉得很宁静。这也是他喜欢每天回到这个村子里来的原因之一吧。这间屋子，说起来还是爷爷手上的祖宅，看起来已经很老了，不过，好在还有一个小院子。院墙内外，竹林、野花、芭蕉、桃子、李子，乡村的植物，都可以看见。天晴的时候，伟学就把户外桌椅搬到院子里，听一听鸟鸣，喝一杯咖啡。

大伯们不喜欢咖啡，他们喜欢喝浓茶。大茶缸子，泡一大缸浓茶，滚烫滚烫的，喝起来发出呼噜呼噜的声响。

伟学能回村子里来，让大家重新聚到一起做纸伞，倒是他们都没有想到的。

不过，"90后"伟学能回村子里来，他自己几年前都没有想到呢。

伟学的爷爷刘有泉，今年已经八十多岁。油纸伞可是爷爷情根深种的事物，爷爷说，从前啊，很多外地客人途经余杭，都会买一把余杭的油纸伞作为礼物，带回去送给家乡的亲朋好友。在爷爷的记忆里，从前的油纸伞非常精美，骨架是竹子做的，伞面是油纸糊的，再画上各样的图画，简直是江南典型的诗情画意。

爷爷说着这些的时候，伟学就会想起一首诗——"撑着油纸伞，独自/彷徨在悠长、悠长/又寂寥的雨巷/我希望逢着/一个丁香一样的/结着愁怨的姑娘"。

是的，这是诗人戴望舒的诗句，多么婉约，多么动人。而他诗中的油纸伞，在伟学看来，就是余杭油纸伞啊。

到了20世纪70年代，工业化生产的效率提高，钢骨雨伞大量出现，因为轻便价廉，一般人都选择了钢骨伞。油纸伞渐渐变成"老古董"，无人问津了。

老人家是在什么时候动了念头，想着要把余杭油纸伞恢复起来的？伟学已经不太记得了。在他的记忆里，爷爷没少为油纸伞操心。为了恢复油纸伞的制作工艺，他还投下去不少钱，尽管几乎没有什么收益。

房金泉、陈月祥、孙水根……村子里原来会这个手艺的人，越来越少了，爷爷费了老大功夫，才把会这个手艺的几个老人家重新聚起来，那时候工艺都快要失传了。这个油纸伞，看着简单，其实做起来，工序非常复杂，民间有"工序七十二道半，搬进搬出不消算"的说法。反正真要做起来，太难了。

另外，伞是做起来了，卖给谁又是个难题。

伟学上大学前，对于爷爷的事情，他看过也就看过。到了2015年，他从杭州师范大学设计系毕业了，也一点儿没有要做伞的意思。当然，爸妈也反对呀，他们说，你去安耽上几年班，比什么都强。

在杭州一家设计公司上了一年安稳的班，伟学最后辞掉了工作。他爸是做家装的，平时接接家装工程，项目不少。要是伟学能安心把室内设计搞好，开个设计公司，这样等于是打通了家装的产业链，挣钱不是难事。

但伟学辞掉工作后，却奔着爷爷的油纸伞去了。他发现，很多中国传统工艺其实非常耐看，有很高的艺术价值。只是，有些东西不太符合当下年轻人的审美。"太老古董了，花花绿绿的……"伟学想，这么美的油纸伞，这么诗意又这么江南的油纸伞，能不能用当代的设计语言去重新讲述它的故事呢？

有个外国人，用油纸伞的"湿糊"工艺，做成了椅子，做成了屏风，做成了灯具，还在米兰设计周上获了奖。伟学想，这个思路太对了，传统的工艺，一定要加上时尚的眼力，这样事情就好玩了，传统工艺也才会有新的价值。

一把伞要变出花样来，其实每一个细节都值得仔细琢磨。伟学把工作室搬到了山中爷爷的祖宅里。房子长久没有人住，就会渐渐破败。伟学把老屋修缮一下，布置成了制伞工作间，一道道制伞的工序都有地方施展。山里有宁静的气息，不管是春日的细雨还是秋日的落叶，都会跟自然达成相同频率的呼吸。在这样的老屋子里做伞，真的太接近古雅的趣味了。

伟学又去把村子里几位"硕果仅存"的懂做伞的老伯伯请回来。"这一回，伟学又要做伞了。"村里有的人说，"小年轻哦，做伞没花头的，你一时兴起，做个半年就不想做了吧?"

说归说，人还是慢慢聚了起来。但是他们也没想到，后来伟学真的把这个油纸伞的事做起来了；不仅做起来了，还比他爷爷做得出色。因为爷爷只是恢复了制伞的工艺，却没有找到销路，孙子呢，不仅做了，还打开了销路——每把伞最低也要卖六七百元，贵的卖到两三千元，且供不应求。

伟学想的第一件事，是怎么让城市里的年轻人喜欢古老的油纸伞。其实很简单，以前的油纸伞，年轻人为什么不会买呢？因为那个伞又重又花哨，实在撑不出去。伟学就对伞做了改造，第一件事是改变了颜色。新式油纸伞颜色清新淡雅，淡蓝色、天青色，又雅致，又高级。人家一看，喜欢得不得了。卖几百块钱也不在话下，不仅拍照可以当作道具，日常生活中也撑得出去。

还有很多细节，伟学也做了改造。他用更轻便的竹子取代了原来的木头伞杆，又用韧度更好的皮纸来替代桃花纸。这个皮纸有植物的天然纤维肌理，做成伞面非常耐看，每一把伞都不重样，就像一首首天然的诗。他还用了味道更淡、光泽更细腻的木蜡油，让伞面的质感更清晰……

后来他又玩跨界，跟潮牌服装跨界合作，把时尚元素融入油纸伞，还设计了迷你版的材料包，可以让人体验制作一把伞的全过程。有一年，他在村里办起研学课堂"纸伞之家"，不仅吸引了很多余杭油纸伞的爱好者前来学艺，还成功带动周边的村民增收。"纸伞之家"所在的塘埠村，发展成为余杭油纸伞的制作传承基地，伟学也被评为余杭区第一届"十佳农村青年致富带头人"。

现在，大伯大婶们每天做伞可开心了，他们亲手制作的每一把伞，都被人买走啦。一年做下来，还有很多订单完不成。伟学跟别的设计师合作设计的一把伞，还远渡重洋，参加了巴黎的展览和米兰设计周的展览。

现在的余杭油纸伞，又洋气，又精致，还实用。一把伞，不仅可以撑在春天的细雨之中，还可以当作一件艺术品，展示在一个空间里。不过，在伟学看来，对待一把伞最好的方式，还是撑起它，走在具有江南味道的场景里——西湖边，山道上，芭蕉绿荫夏日，小桥流水人家。

"你只有用了，才能感受它的美。"伟学在山野乡下老屋里，天天琢磨油纸伞。他现在更像是中国古代的一个手艺人或者艺术家了。他会沉迷在自己的世界里，觉得整个世界都被挡在了伞外。

我去找伟学的时候，他在老屋里做伞，窗外，细雨如丝。雨滴打在竹叶上，滴答滴答，如同古筝的琴音，那么宁静悠长。伟学说，要不，你拿一把去雨里走一走，听一听雨点落在纸上的声音。

我说好。

谷雨的气息，古老的花香，盛开在一把油纸伞上。这片土地上的日常生活与节气风物，也被一层一层粘贴在油纸伞上。

最后我们坐下来的时候，伟学聊到了爷爷，还有祖孙三代人和纸伞的故事。爷爷现在年纪大了，他记下了人生中许许多多的故事，也画下了许许多多的画。伟学最近有空时，就在读那些关于回忆的文字。

"我想有一天，有机会的话，就把爷爷的故事出成一本书。"

乡间老屋宁静，屋外细雨飘飘，在一扇窗前，在手写的密密麻麻的文字间，伟学忽然懂得了人生的意义，他也一下明白，自己当初选择做油纸伞的原因了。

细雨润湿伞面，油纸伞上的植物纹路仿佛也有了生命。一把油纸伞，从雨中走进屋檐，合拢翅膀，栖息于时光之外。

梅子金黄杏子肥，麦花雪白菜花稀。

日长篱落无人过，惟有蜻蜓蛱蝶飞。

夏

一碗烟火，乌饭飘香

孙昌建

做乌米饭是姚祖琴的拿手好戏，要说秘诀好像也没有，只要采来乌树叶子，把汤汁熬出来，再用这个汤汁煮饭，煮出来的饭就叫乌米饭。如果你还要加一点"自选动作"，放上赤豆，或放上咸肉丁等，那就是另一番天地了。

2023 年立夏期间，华数传媒推出的一则关于立夏吃乌米饭的小视频中，七十岁的姚祖琴说，她一辈子都是围着灶台转的，于是我和她的聊天话题就从灶台开始。

现实中的姚祖琴富态、和蔼而快乐，一看就是蛮开心蛮发靥（有趣）的人，她说做人嘛就是做做吃吃。

我理解这"做做吃吃"，既是广义的，又是狭义，广义是指人生状态，狭义就是指一年四季，除了日常的一日三餐之外，总还要想点办法弄点吃的。这既是老祖宗传下来的风俗，又是老百姓改善生活的一种方式，虽然有不少是老底子的吃食，但现在人们还是这么在做。

一

姚祖琴是余杭良渚街道荀山村人，二十岁那年嫁给了同村的复员军人俞阿永，从此开始了五十年灶台生活。

这个话其实不一定准确，因为姚祖琴是家里的老大，下面有一个妹妹两个弟弟，所以家里和田里的活都是要干的。以前有一句话叫穷人的孩子早当家，改一下可以叫作家里的老大早当家，一方面要时时处处让着弟弟妹妹，同时又要管着弟弟妹妹，另一方面还要带头干活。

这带头干活手就得巧。当时一个生产大队里有几百名妇女，但会打针的只有姚祖琴一个。当年也要打预防针一类的，她不是赤脚医生，但也培训过打针，为什么让她去学打针，就因为她手巧，胆子也大。

说起手巧，主要还是人勤。那个时候的农家，不仅要养鸡养鸭养猪，还要养羊养兔，卖羊毛卖兔毛，全靠这一点副业换来一些零花钱，所以光是割草，就能让人累趴下。那个时候的田边、河边和山上，只要长出一点点草来，就会马上被割掉。虽然说镰刀割不尽，春风吹又生，但那些草生长的速度，还是赶不上镰刀挥动的速度。

那个时候，一个女劳力在生产队里干活，哪怕干的是跟男劳力一样的活，工分满分也才七分，而男劳力满分是十分。一年辛辛苦苦做下来，姚祖琴说年终分红也才四十多块钱，不做倒挂户已经很好了。好在嫁的丈夫复员后在良渚化肥厂上班，是拿工资的。当时这叫乡办企业，这个厂是良渚当时最大的企业，过年还可以分到水果，这在姚祖琴儿子俞连明的讲述中，能感觉出是很甜蜜的。

在我和姚祖琴聊天时，时年四十八岁的俞连明在一旁充当"翻译"，其实一般的良渚话我是能听懂的，只是个别俚语需要"翻译"一下。

姚祖琴一辈子围着灶台转，嫁过来的时候俞家是两间平房一间草舍，上有老下有小，一开始是想办法怎么吃饱饭。十年之后，家里又盖了两间平房，那时已经是1982年了，到了1988年又盖起了两层半的楼房，然后到了2010年，就是现在三层半的楼房了。这么一算，三十年里房子更新到了第四代，也因为是在良渚遗址保护区内，造房子是有严格审批程序的，甚至还有专业人员拿了仪器来测过，主要是测地下有没有文物。

从两间平房到四间楼房，有一样东西始终保留着，就是那个土灶台，或许也是一种感情的留存吧，一直没舍得拆掉。

虽然现在烧饭用上了电饭煲，但一年四季要做点传统吃食，特别是年节，良渚一带的农村里都要做跟节气同步的传统美食，总要用到土灶。

先从最传统的农历过年说起。过年菜是在娘家就学着做的，比如酱鸭、酱肉、腌肉、腌鱼，更早的时候，还要做油豆腐、沸肉皮。跟现在相比，那时候农村里穷归穷，但过年的氛围还是很浓的，人情往来更是少不了，只是那时桌子上的大鱼大肉一般是不能动的，要一直完完整整地摆到正月十五，家长才允许动筷子。客人是知道"规矩"的，但弟弟妹妹们忍不住啊，这个时候做姐姐的就要来做"恶人"了。

而现在呢，连除夕夜也只要烧七八碗菜就够了，因为天天都犹如过年，烧多了又吃不完，没有哪一碗菜还需要从正月初一摆到正月十五，想吃什么菜，都可以现烧。而过年的年宴上，姚祖琴说白斩鸡一定要有，而且一定要用线鸡（阉过后育肥的小公鸡）做；酱鸭、酱肉一定会有，再就是红烧鱼、红烧鸭，还有就是粉皮、肉圆子，这也得自己做。至于过年打年糕，那是男人的活，淘米蒸煮才是主妇的事。

二

不过有的风俗还是改不了的，姚祖琴一五一十地说起了主（煮）妇的基本功课，基本都在上半年。

二三月，用艾叶等材料做拓饼，这个拓饼的拓字，说明还需要用到模具。

到了清明，那自然是做清明团子，分咸、甜两种口味，咸团子里面裹的是咸菜、笋丁等，甜的自然是裹豆沙。

而一到立夏，那就是做乌米饭了，这是姚祖琴的拿手好戏。要说秘诀好像也没有，只要采来乌树叶子（也叫南烛叶），把汤汁熬出来，再用这个汤汁煮饭，当然最好是在土灶上，煮出来的饭就叫乌米饭。如果你还要加一点自选动作，放上赤豆，或放上咸肉丁等，那就是另一番天地了。

回想起来，姚祖琴说好像也没有人专门教过她怎么做，在她的记忆中，就是太婆教给外婆，外婆教给妈妈，妈妈再教给自己，自己又教给女儿和儿媳妇。这个"教"，既是言传，又是身教。很多时候就是这样，看看就看会了，就像儿子俞连明，十岁左右就会烧饭蒸菜了，就是因为父母那时都太忙太忙，特别是"双抢"的时候，既要做饭做菜，又得往田里送饭送水，而前面讲过，姚祖琴是家里的老大，那必然什么事情都得带头做。

对了，说起乌米饭，我跟磐安的一位乌米饭制作技艺传承人还有过交集。一次采风活动中，我独自一人在他家里吃过一顿乌米饭，吃了还不算完，临走还送我一袋，让我想起来格外温暖。而在福建的浦城县，我还吃过咸的乌米饭，既是饭又是菜，里面放了笋丁和肉丁，也很香。

正如我们这里的青豆笋丁咸肉饭，"吃起来那个香啊"，在姚祖琴讲述的时候，其子俞连明忍不住感慨。

对了，良渚一带的人似乎对小青豆情有独钟，这不，我喝的茶里也有几颗小青豆。茶是绿茶，小青豆也是绿色的，炒制过，杯里撒了几粒白芝麻，讲究点的还会放点陈皮，这个吃法多流行于余杭一带，一般称为吃咸茶。以前农村里还有打茶会的说法，即妇女们串门会家家户户去吃这种咸茶，这是妇女们的"专属权利"。由此也可以解释，为什么禅宗公案里说的是"吃茶去"，而不是"喝茶去"，除了茶点可以吃之外，茶本身也是可以吃的，此即一例。

三

姚祖琴一辈子围着灶台转，除了带给家人温饱和美食之外，还在不知不觉中将厨艺传给了儿子。

儿子俞连明早年就去学厨师，他不是科班出身，而是"家班"出身，第一个老师就是自己的母亲姚祖琴。二十多年前，杭帮菜风靡的时候，他跟叔叔等人去安徽、上海做厨师开杭帮菜馆，后来在宾馆做厨师长，做厨师时还认识了现在的夫人，可以说成家立业都跟灶台相关。

这不能不说是一种缘分。

后来孩子要上学，哪怕外面工资再高，他也毅然回到了老家，跟父母一同居住。他觉得上有老、下有小这种其乐融融的感觉，才是最好的。

回到良渚后，他也还是做厨师，或是自己经营开店，或是在他人餐馆里掌勺。现在他堂哥经营的餐厅"良玉邻家"，让他来研发新菜，这就不只是掌勺颠勺这么简单了。不少人到这家店来吃饭，既有本地食客，也有外地游客团队——现在的良渚遗址公园和良渚文化村，特别是大屋顶、大谷仓，已经是网红打卡点。

　　五千年前的良渚文化在遗址和博物院里能够体现，但是以前的良渚人吃什么，现在的良渚人又吃什么，这是个需要刨根问底的问题。"入乡随俗"，如果连"俗"都没有，全世界都吃快餐或都吃同一类菜，那未免也太单调了。

　　但是怎么让大家吃得高兴呢？俞连明想到了自己的母亲，堂弟俞杰也想到了自己的姑妈，能不能开发出一些从前的家常菜——老底子良渚人吃的菜，也就是太婆传给外婆，外婆又传给妈妈的那些菜。

　　比如说都是红烧肉，杭州城区一般会做成东坡肉，而到了良渚就是稻草扎肉，这是以前婚礼上才能吃到的，大块的扎肉要煮上八小时才行；余杭周边如富阳、桐庐的红烧肉都是用酒酿馒头裹着吃的，而良渚人用的是普通的白馍，即自己家里做的那一种。

　　比如还有一种叫"兜兜儿"的羹，也是老底子过年时老妈才做的。为什么过年时才做呢，因为过年才杀鸡，这羹里需放一些鸡杂，再用芡粉勾芡烧制而成。它有点像诸暨一带的西施豆腐，也有点像东阳的沃豆腐，只不过"兜兜儿"是不放豆腐的。

　　说到芡粉，姚祖琴其实还会做粉皮，会把池塘里的莲藕磨成粉，还会做传统风味的炒米粉。现在这种外面吃不到的东西，被俞连明他们一一搬上餐桌，大受欢迎。

更为重要的是，良渚一带的山林提供了丰富的食材，特别是竹笋，吃饭前半个小时去挖上几根，怎能不新鲜呢？俞连明的老爸每天都要到自己的菜地里去劳作一番，想吃什么就摘一点，都是当季菜，且不打农药。现在猪和家禽是不养了，上街就是去买一点荤菜罢了。

说起这一点，姚祖琴脸上总是带着笑。由此看来，做做吃吃，这个做，已经不需要像几十年前那么辛苦了，而吃呢，也是越来越健康了。所以说做做吃吃这一种生活状态，从前和今天是不一样的，这可以以姚祖琴为代表，如果由此上溯到五千年前，良渚人不也是做做吃吃吗？不仅是良渚人，所有的中国人都讲究民以食为天，不过有时我们还可以换一种说法，叫民以天为食，这个天，大到春夏秋冬，小到二十四节气。

艾的罗曼史

傅炜如

人就像一盏油灯，年纪大了要添油进去。

艾灸就是把阳气补进去，让人有力量活着。

在杭城清河坊东侧的打铜巷，离笕桥街道约十五公里远的地方，有一个笕桥古法艾灸体验馆。

　　馆外的围墙是白色的，藏匿在古街坊统一规划的建筑中。刚过端午没几天，木头大门的铜锁上还插着两束艾草。推门进去，白色的长廊将我引入馆内。里头的空间与想象中有些不同，天井占据了一楼中间的位置，四周是透明的玻璃窗，光从天井落下，整个空间显得敞亮而雅致。

　　艾香是走到天井后闻到的，屏风前是一张木头桌子，上面放着些简易小巧的艾灸工具。香味从屏风后传来，里面是艾灸区，十几张老式木头椅并排放着，中间隔着张白色帘子。椅子后方，为艾灸特制的金属架最惹人注意，它们像是一个个单脚站立的小型机器人，特立独行，上扬的单臂一直伸入天花板，有种幽默感。

邬诗敏在这时来到了我身后，她是笕桥古法艾灸第五代传承人。这天她穿了一件绿色的中式长衫，随意地扎了个低马尾，小小的个子，气质温婉。

她有些羞涩，说话轻声细语，客气地向我介绍一些"笕桥古法艾灸"的情况。她指着墙上的图，用手在身体上朝我比画："我们的艾灸会灸身体的四个部位，所谓'四部灸法'。腰间的肾俞穴，靠近尾椎骨的八髎，脊柱中段的脾胃区，下腹部的关元……"

我饶有兴致地听着，连续的梅雨天气，加上产后带娃的劳累，腰背部每日的酸胀让我疲惫不堪，对古法艾灸跃跃欲试。邬诗敏听我一说，眼睛亮了："你孩子多大了？我孩子三岁多了，现在上着幼儿园。"她的话多了，少了适才的客套与拘谨。聊孩子，总能拉近女性间的距离。

邬诗敏带我上了二楼，我见到了她的母亲陈红娟女士，一位真正让笕桥古法艾灸叫响名字的传承人。

一

筧桥在杭州的东南方向，曾经是艮山门外有名的药材之乡。那里沙壤肥厚、气候温润，略带碱性的土质日干夜潮，适合中药材的生长。民国三十三年（1944），《杭州玉皇山志》记载："吾杭药物，素推筧桥十八样，所谓道地药材，他方无以尚也。""筧十八"当时在杭州人人皆知。

筧桥药市的繁盛将筧桥药材送向了更远的地方。清乾隆时期《杭州府志》提到，筧桥"四近物产殷充，棉茧、药材、麻布尤所擅名，客贾多于此居积致远"。现在筧桥九旬以上的老人都晓得，老街南端的裘家把药材运销至上海松江；老街北端先后开有四家运输行，其中一家依托筧桥火车站，甚至把药材生意做到了香港；筧桥胡仁村王东来祖上以贩卖药材为生，将药材输送到北方……

说来也有意思，筧桥人每天与药材打交道，多多少少都懂些医术。这也是陈红娟做筧桥古法艾灸的源起。

《筧药之调查》说："乡老传言，仙人过筧，其囊裂，药坠而遗种，故其药特效。是言虽怪诞不经，然足以证其品种之纯良，其毗连临平、乔司两镇亦产药材，而不及筧桥之丰，故成名笕药。"

"小时候啊，我真觉得外婆跟神仙一样。"

陈红娟是杭州丁桥人，父亲常年在西藏支边，母亲从小把她和弟弟放在笕桥花园村的外婆身边长大。外婆是村里的赤脚医生，村里有什么人生了病，都会匆匆跑来找外婆。

外婆的两个法子，说起来就是艾灸和汤药。艾灸条是外婆自己制作的，汤药就是熬出来的艾草汤，喝下去暖脾胃。

中国历史上，将艾灸这个神奇的疗法作为治病保健之用，历来有迹可循。如今在宝岛台湾的台北故宫博物院，还存放着南宋著名画家李唐的一幅《灸艾图》，描绘了郎中（村医）为村民治病的情形。一位郎中坐在小板凳上，正在为病人灸灼背部……在西方医学还未传入的古代社会，中医的艾灸圈粉无数。而会艾灸的外婆，在当时村里很是吃香。

村里有种说法，五黄六月死人不好（农历五月、六月，其时夏熟，作物未收，是每年缺粮时节，故有此说）。很多老人躺在床上，没剩几口气了，外婆就被请去，用艾条灸一灸，提起几口气，撑过夏天。

"人就像一盏油灯，年纪大了要添油进去。艾灸就是把阳气补进去，让人有力量活着。"

二

陈红娟是个有力量的女人，不然不会在2014年"死"过一次后又"重生"了。

她像艾草，向阳而生，有韧性。

陈红娟从忙碌的电话中转过身，笑着冲我点点头。女儿邬诗敏领我进她办公室的时候，她还不知情。听说我的来意后，她热络地和我聊起来，似乎习惯了陌生人的突然造访。

她站起身，毫不羞涩地朝我露出肚子，笑着说："我看起来蛮胖的，但你看，我的肚子上一点赘肉都没有，这都是艾灸的作用。"之后她又补了一句："你别见笑啊，我就是很土啦!"

我觉得陈红娟身上的"土"，多半是几十年在社会上打拼后留下的。她并不是一开始就从医，而是靠做生意发家的。按照她的说法，小时候不爱读书，就想着赚钱了。初中毕业后，陈红娟在乡镇的很多企业打过工。

1989年，做生意的机会多了，她大着胆子借了钱，买了辆出租车。债追在屁股后头，她在前头没日没夜地拼命跑，那时她才二十出头。十年后，她揣着积蓄到宁波去闯荡，回来后可算是风光了，在当时的丁桥镇政府对面，连开了三家店——"红娟美容""红娟服装""红娟餐厅",有朋友开玩笑说,这都连成"红娟一条街"了。日子好过了,那几年她做什么都是赚的。

有时候,人的野心像杂草,越是在阳光充足的地方,生长得越快。2013年,陈红娟开始涉足房地产,所有的积蓄在她自认为的"制高点"赔得底儿掉。以她倔强的脾气,当然不服气,她又开始新一轮的"生意",什么来钱快做什么,给医美做业务员,给股权投资拉商家……但市场早已不是十多年前的样子,半年过去,陈红娟一无所获,肚子却大得像怀胎五月——她的子宫肌瘤已经长到了直径十二厘米,医生说一定要做手术。一句话给陈红娟当头浇了一盆凉水,阻止了她向前的脚步。

手头没钱了,陈红娟想把值钱的首饰当掉。她打开保险柜,外婆的医书掉了出来。陈红娟翻阅着外婆留下来的宝贝,泪眼婆娑,跪在保险柜旁哭了三个小时。

那是冥冥之中外婆的指引,外婆的叮咛一直躲在她内心深处:"我内心难过,可突然之间又有了希望,那是我惨败之后最有力量的一天。"

三

筧桥外婆家的屋后，有一棵大桑树，树旁是块自留地，种着一些草药。陈红娟打小看着外婆干活，常会在旁边帮忙。一开始只是管几口泡药的大缸，后来外婆把制作艾条的活也交给她做。陈红娟搬了张小凳子站上去，照着外婆的模样上手工作。

每年端午"前三后四"的日子，外婆领着她和弟弟沿路去采"伏道艾"。采到中午，差不多来到了皋亭山脚下，可以回丁桥家吃顿妈妈包的粽子。被艾草香和粽香环绕的日子，是陈红娟记忆里最幸福的日子。

陈红娟坚信，外婆的柜子里藏着"吕洞宾"，外婆行医一定有高人指点。每次制艾前，外婆都会净手，对着柜子念念有词。她从小就听花园村的老人说，吕洞宾外出采药，喝多了，醉酒驾云，路过杭州筧桥上空时，不小心打翻了药囊。许多名贵的药种飘落下来，落在筧桥这块土地上。

事实上，外婆柜子里的这位高人，并不是神仙，而是一位姓陈的医生。

有年生日，外婆说给她准备了一件礼物，从神秘的柜子里取出一个包裹。陈红娟瞪大双眼看着外婆一层层打开，看到最后大失所望。原来是一本医书、《百字铭》和一把扇子，外婆口中念念有词的便是《百字铭》。那时的陈红娟哪里懂这些，她心中的幻想破灭了。

外婆嘱咐说："这本书是一位姓陈的医生留下的。阿囡啊，你好好读书，以后学这本书上的本事，像陈医生一样救人。"

陈红娟本身贪玩，得到如此宝贝，忙去炫耀一番。她拿着"神扇"给同学们看，每扇十下换一颗姜，最后姜带回了家，扇子却不知去向。

那天她第一次受到外婆的责骂，也第一次听说了陈医生的故事。

解放前，陈医生路过笕桥，救了外婆的外婆，之后便成了家里的常客。据陈医生说，他的祖上是南宋皇宫里的御医，笕桥的中药材以前是皇帝专用，他慕名前来。他的理想是做一名军医，可祖上传下来的是专治妇科的医术，部队不要他。他看到外婆家种植草药，便向外婆传授了一些灸法。若是北艾用笕桥的药材浸泡，艾草会更神奇，能治更多的病。

有天，陈医生匆匆忙忙把这个布包交给外婆，说终于可以跟着部队去打鬼子了，最多半年就回来取包裹。一晃三十多年过去，陈医生一直没回来。外婆用陈医生的医术救治了不少村民，她心里放不下这件事，总觉得亏欠他。

后来，外婆做了一个奇怪的决定，把自己的女儿，也就是陈红娟的母亲嫁给姓陈的人，当作报恩，这样她心里会好受些。

四

陈红娟捧着外婆留给她的医书，带上"笕十八"中的几味药材，立即去了南阳，寻找真正的"伏道艾"。这趟行程，是给自己治病，也是探寻商机。她用自己的身体做试验，经过两个多月的艾灸，子宫肌瘤竟神奇地小了下去。笕桥古法艾灸的第一根艾"扶元固本"也在她手上问世了。

艾香环绕，熟悉的味道刺激着陈红娟的记忆，小时候制艾的画面逐渐清晰。她学着以前外婆的样子，制艾前净手，念着《百字铭》，静若处子，方可开始。

陈红娟的性情也有了变化，她柔和了下来。不急着赚钱了，做艾治病是件良心事，急于求成会适得其反。

我在馆里见到了陈红娟的秘制艾条，直径约七厘米，长约二十三厘米，单根可燃烧约十个小时。粗粗壮壮的，很是结实，拿在手里沉甸甸的。

根据古方传承，制作艾条对艾草的品质要求很严苛，每年在端午节前三天太阳最盛的时候采摘，端午之后采摘的艾草只能做成泡脚包。经过分摘、煮药、浸艾、启晒、捣绒等古法制艾技艺炮制后，一根艾条才算制作完成。施灸时，两根粗艾条并用，再配以祖传"扶阳固本"灸法，排除体内的风、寒、湿、瘀、浊之邪，固本培元，调和阴阳。

《本草纲目》记载："艾叶生则微苦太辛，熟则微辛太苦，生温熟热，纯阳也。"从中医上来说，艾灸容易上火，陈红娟研制的笕桥古法艾灸解决了这个问题。

2014年，有了把握的陈红娟在杭州九堡丽江公寓对面租了个小店铺，开了家"一指道艾灸堂"，开始用秘制艾条给人调理身体。没想到，生意出奇地好，从附近的居民到大老远赶来的顾客，小小一家门店，艾灸竟要排队了。

"来我这的人基本上抱着'死马当活马医'的心态，哈哈。"陈红娟爽朗一笑。"一指道艾灸堂"的口碑在一个个"奇迹"下做了出来。

有时候早上六点多钟，客人就"啪啪啪"来敲门，晚上十点还有人找上门。最开始，陈红娟用双手举着给客人艾灸，后来她干脆画了张图纸，去五金店定制了十个不锈钢盒，套在一根不锈钢立杆上，可以上下移动，灸背腹部的不同穴位。艾灸有烟，她又在上面装了一根排烟管。这就是我刚进店看到的"小型机器人"的最初样貌。

陈红娟一直是有生意头脑的。这是一门医术，更是一门产业。

她反复琢磨外婆传下来的艾条制作方法和配穴，机器也反复改进了五六版。她担心单一的项目不能满足顾客的需求，又把自己做美容时学到的技术与外婆的经穴艾灸手法结合，自创了"经穴电疗"手法。

2018年，陈红娟考取了医师资格证。

2019年，带有"笕十八"基因的"笕桥古法艾灸"被列入杭州市江干区非物质文化遗产。

五

艾条在我身后点燃，温热的感觉像开花似的在我背部渐渐散开。坐在凳子上，抬头望出去，正好可以瞧见梅雨暂停时的蓝天，不大不小的一块，被老街的屋角裁剪得方方正正的。屋内开着不算冷的冷气，整个空间大而透气。

艾灸的力道有些足了，我的额头冒出点汗，背上的经络被打开，酥酥麻麻的。邬诗敏给我端来一杯艾草茶，她自己也捧了一个杯子，坐在我对面，对我说："艾灸容易出汗，多喝点水。"我抿了几口，艾草茶的香味萦绕鼻尖。

我问她："你英国留学回来，怎么想到跟你母亲学艾灸？"

她笑笑说："一开始也是不信的，年轻人嘛觉得中医就是玄学，我还总开我妈玩笑说她迷惑人。人总是在身体出了状况后才改变，我也是在生完孩子后相信的。"

邬诗敏高中时就去了英国读书，读完研究生回国后，在大公司做投融资，老公是公司的同事。在国外这些年，生活习惯也西方化了，基本上每天都要喝一杯冰可乐。有年冬天，她去加拿大游学，得了重感冒，喉咙像刀割似的。冰天雪地里，她就想喝杯热开水，可寄宿家庭里连烧水壶都没有，那时候她是真想回家。

结婚生完孩子后，虚弱的身体伴随着产后的疼痛，让邬诗敏苦不堪言，甚至没有办法坐着。她想干脆"死马当活马医"吧，让妈妈给她"四部灸"，坚持了一个月，元气慢慢回来了，脸上也有了血色。

疫情之后，邬诗敏辞了职，来帮母亲传承古法艾灸。

陈红娟嘴上不说，心里是欣慰的。在自己手上重新燃起的"笕桥古法艾灸"之火，自己的女儿愿意燃下去。

说到这，邬诗敏看着我的腿，笑着提醒道："艾灸不能跷二郎腿，不利于全身疏通。"

从话题里出来，我才发觉全身排了不少汗，背上像卸下了一个重重的壳，轻盈了不少。

邬诗敏从里间拿出几个用纱布袋包着的小药包，递给我说："这是给你宝宝的。如果小孩感冒发烧，用这个来泡澡，效果很好。"我连忙谢过。凑近闻了闻，主要是艾草，其余我能辨出的药材还有玫瑰和人参片。

临走前，陈红娟带我去旁边的非遗馆转了一圈。临近傍晚，人比午后多些，但大多数是从河坊街拐进来的游客。他们背着双肩包，打着伞，漫无目的地闲逛着。他们走到艾灸馆门口，觉得好看，便停下照张相，随后往里望了一眼，嘴里念叨着："宋艾文化体验馆是做什么的……"脚步没有因此停下。

此时的陈红娟穿着红色的中式布衫，像艳阳下绽放的一朵牡丹，她迈着大步走着，赶超了他们，手里依然忙碌地回复着信息。

非遗馆的工作人员见到她说："好久没来看你们的展位了，陈老板。"她从手机上抬起头："是啊！好阵子没见。哎哟，我们最近很忙啊。"她与他们谈笑着，声音清亮。

我简单地参观完，她送我到非遗馆门口，身侧靠着墙，右手按着手机，似乎还有发到一半被打断的语音信息。她举起左手，朝我告别："今天谢谢你啊。我就送你到这，我再跟他们聊会儿天。"刚才那拨游客又走到了这，好奇地打量着她。陈红娟朝他们看了一眼，直起身，对我说："再见。"

村里有个"女毕加索"

吴卓平

周焕琴深深觉得，画画跟种田，其实是一个道理，皆是面对大片的荒芜与空白，一棵一棵种下去，再经历漫长的辛勤劳作，一粒一粒收回来。芒种，忙种。

当我来到萧山衙前镇明华村，跟村民们提起周焕琴，人人都会用"画家"来定义她。这个词，如果放在以前，或许是对她的一句玩笑话。

而今天，村民们不仅知道她创作过多幅获奖作品，甚至画作还被国家级艺术馆收藏。

这是这个世界对努力与坚持的肯定，也是对价值的认可。

如今的她，继续在自己的小院里创作着农民画。不一样的是，她不再遮遮掩掩，她欢迎大家来看她的画。

一

周焕琴出生于萧山衙前，从小就跟其他的孩子不太一样，当他们满村疯跑的时候，她更愿意一个人待着。

她喜欢躺在草地上，看天上的云，观察瞬息万变的大自然，云朵每个细微的变化都会让她浮想联翩。

"农村孩子最大的幸福，就是可以拥抱大自然"，广阔天地在周焕琴的脑子里种下了奇思妙想的种子。

五岁那年，她拿起树枝，在地上开始作画。

不过，在那个物资相对匮乏的年代，想要正儿八经地画画，在村里人看来是一件不务正业的事，农民的孩子，怎么学画画呢？

"在我父母看来，未来的出路就是务工，这也是最好的营生。"但画画这份爱好，一直深深地藏在她内心深处。没有颜料和画笔，大自然就是周焕琴取之不尽、用之不竭的材料来源，"我用烧火烧尽的炭棒在地上画画，或者用铅笔在一些废弃的纸上画，也用树枝在泥地里画"。

周焕琴没有老师，学习全靠临摹，在上学听课和放学干活的间隙，她用木棍和泥地为自己搭建起一方小小的空间，把自己的梦想安置在内。

"虽然家里人当时不太支持我，但是我知道或许有一天我会凭借画画做出点事情来。"父母不允许耽误干农活，她便将画画的时间定在了晚上。干完农活，吃毕晚饭后，她得了空，便一手拿着"画笔",开始自己的夜间活动:"我感觉晚上画画很自由,没有别的事来打扰我。"

上初中时,美术老师让大家以树为题画一幅画。在学生们交上来的千篇一律的作业中,一幅与众不同的作品让老师眼前一亮,周焕琴用弯弯曲曲的线条勾勒出枝繁叶茂的树,充满生机。

老师四处宣扬这幅画,也让这个爱好画画的农家孩子有了丝"守得云开见月明"的欣慰。

二

参加工作后,养家糊口的负担很重,周焕琴当过农具厂装卸工、加油站员工、打字员、裁缝……直至成家立业,结婚生子。"结婚之后,画画似乎没那么快乐了。"

这样的状态,持续到那一天,她在电视新闻中看到,一位没有任何绘画底子的农村老妇在一家公益画室仅仅学了一周,便能顺利临摹出一幅马灯。周焕琴大受震动,她此前一直以为,"艺术,绝对不是我所能够期望的"。

而那则新闻,将周焕琴沉底的心气儿勾了起来,她开始系统性地自学起工笔画。

有网友给她的习作点赞，"画得很不错"，周焕琴没有当真，认为这只是一种礼貌性恭维。不过一年之后，有越来越多自学画画的同学夸奖她的作品，她又想："可能真是画得还不错。"堵了很久的一条暗河，忽然，阻流的石头松动了，河水哗啦啦地倾泻。周焕琴感受到一种前所未有的快乐和满足，积攒多年的不甘，就在一笔笔涂画中，慢慢消融。

于是她一直画了下去。

坐在她家的院落中聊天，我看到了散落于角角落落的绘画工具以及画作。而她告诉我说："院子里鸡飞狗跳的热闹时时有，但内心始终是静的。"屋内随意划出一平方米的空地，即是画室。笔尖一落，好像心也随之去往山海、乡村和田野。

她还去美术馆看画展。一次回到家，她在日记中写道："我做着平凡的工作，养活自己，也养活我的艺术暗梦。"

不过，彼时，在周焕琴身边，同事，或邻居，大多不知道她在画画。在他们眼里，她只是个普通的化纤厂工人。

工服好像一把鞘，收拢了她之于艺术的敏锐。

三

白天，周焕琴在一家化纤厂工作，一个月能赚千把块钱。余暇时间，她几乎都在画画，也经常去野外、景点写生。

后来，她加入了萧山区农民书画协会，再后来，机缘巧合之下，看到年届耄耋的老会长王柏根先生在宣传农民画，她决定把重心由工笔画转到农民画上。

在美术史上，农民画以其明快的色彩、饱满的画面、真挚的情感、夸张的造型等特色，展现出丰富多彩的农村生活和乡土记忆。"好看""开心""自己也会笑出来"……和周焕琴面对面坐着，她这样向我形容她对于农民画的艺术理解，"随心画"，"土气十足，却有相当的艺术魅力"。

几年前，书画协会组织萧山区农民画家去上海参观金山农民画，"我到那里一看，画画的都是六七十岁的老太太"。

"连老太太都能画，我还年轻，更要努力画下去。"

从金山回来后，周焕琴一个晚上就勾勒了几张小稿。当时上海和杭州的农民画老师都和她讲，"画你心中最想画的"，她就把村中日夜劳作的场景加了进去，画中有太阳月亮，有四季稻谷，有鸡鸭猫狗。

这就是她心中最想画的。

一点一滴地观察，一遍一遍地构想，常常为了一块色彩反复尝试，甚至都忘了睡觉。渐渐地，省、市的各个画展上，频频出现周焕琴的画作：2017 年 10 月，她的画作《佳节清明》入选中国美术家协会举办的"二十四节气·柯城全国农民画作品展"；2018 年，她的作品《明华村九曲湖》入选"全国农民画优秀作品展"并被收藏；2019 年，上海"追梦——中国农民画邀请展"中，她荣获收藏奖。

"对我来说，最快乐的就是第一次发表作品的时候，好像达到了一个境界，终于可以松一口气，然后又可以朝新的前进道路努力奋斗。"

"画画的时候，叫吃饭也不想吃，偶尔有灵感卡住的时候，睡觉时都会翻来覆去地想，怎么能画得更生动，而一旦画出来了，心情就特别舒畅。"

忘了哪位哲人曾说过，艺术能给人以一种精神力量。对周焕琴来说，画好一幅画，比吃一顿大餐还要高兴，心里更满足。

这回的采访，和周焕琴一番聊天下来，我算是对上号了。

四

2018年5月7日，对周焕琴而言，是个具有特殊意义的日子。

她的"生活·追梦"个人农民画展成功举办，这是杭州市萧山区的第一个农民画展，吸引了众多书画爱好者及附近村民前来观展。

一位外地学者在画展上跟她说："你的画，有毕加索的味道，有马蒂斯的画风。"

把自己和大师比？周焕琴听了，开心坏了。

而在萧山区农民书画院创办人王柏根看来，周焕琴的确有天赋，寥寥几笔，视觉感很强。她的画，生活气息浓厚，又充满了想象力。

因为乡镇企业普通工人的社会身份和农民画这项才艺，周焕琴被一些媒体与自媒体发现，不时有人拜访、采访，拍她画画的样子，请她讲人生的故事。她也被称为"农民艺术家——周焕琴老师"。

事实上，周焕琴的确当老师了。

来参观画展的村民中，遇有对农民画感兴趣者，她便亮出二维码，将其拉入微信群，动员他们学画：每周一次，免费学，免费教。

学员大多是衙前镇的村民，日常忙着上班、做饭、干家务，初见教室里的毛笔、颜料便心中一颤。画什么？怎么画？用什么工具？结构、线条、色彩，全都不懂，还没动手，就纷纷打起了退堂鼓。

周焕琴总是耐心劝说：想怎么画就怎么画！她给大家拿来颜料、画笔，刚开始是在三合板上练，绷布、刷胶等基本技术都是从头学起。周焕琴说，大家的画，其实都有故事，动物、村庄、人物，外加想象。

如今，她的学员已经扩展到整个萧山区，大家口口相传，生带生，娘带娃，课间闲话家常，所见所感皆是题材。

采访的那一天，我见到了好几位前来学画的学员。这些五六十岁、长相朴实的大姐，利用农闲时间边学边画。从饱满的构图和绚烂的色彩上，能感受到她们在享受艺术的乐趣。而这种洋气的背后，是富裕起来的乡村提供了殷实的物质基础，也是富裕起来的农民在主动寻求丰富的文化生活。

五

常常有同事、朋友和周焕琴说，依靠画画，你也够生活了，还来上班，多辛苦。

周焕琴则说，画画的灵感正是来自生活和工作的体验，过去她工作，就是按要求做好就行，现在，她在工作与生活中体验到了更多的乐趣。

"我不用像其他艺术家那样到处找地方写生，我的工作，我的生活，就是观察和写生的过程。"

也因为有了这样一位会画农民画的同事、邻居，大家平常的话题也多了起来，比如问周焕琴怎么辨识各种植物的颜色，什么是美的，怎样才是美的。

周焕琴从不正面回答，而是讲起童年故事："我小时候比较内向，心思细腻，所以常常一个人玩。家里也没什么好玩的东西，一个人玩无非就是走近大自然。"

她骑过羊、骑过猪、骑过牛，有时走进稻田深处，摁倒一片稻子，一个人躺在中间，周围弥漫着植物的气息。手往旁边随便一摸，就能摸到豌豆，把它剥开，就可以吃到甜甜脆脆的豌豆。有时，小蛇、青蛙、泥鳅从身边经过，周焕琴也不觉得害怕，把它们都当成自己的伙伴。抬头看，鸟儿在天空飞翔，"最好玩的是一只细细长长的黄鼠狼，也在稻田里走，突然看到有个人在这里，站立起来，跟我敬礼、打招呼"。

那时候，大自然中的一切，她都觉得可爱，那是乐趣所在，也是消除孤独最好的方式。

如今，回首过往，童年的那些体验和乐趣时不时闯进脑海："小孩子有极强的感受能力，需要的东西也简单、纯真。"是不是在成长过程中，把这些东西丢了？周焕琴于是重新唤起那种体验。

"现在，只要我蹲下来、低下头、趴下来、抬起头、转过头，就能看到这些虫子、叶子，都很美。日积月累，我慢慢发现，积累的素材越来越多。"

这些年，画农民画以后，周焕琴感觉自己的感官也纷纷打开了。看着树，她更喜欢观察细节——叶子的形状、树枝的生长方向。接下来，她想多画画家乡萧山那些隐秘的角落，那里有风景，有农人，还有四季流转。

六

周焕琴画的《明华村九曲湖》，正是一处隐秘角落。

九曲湖，因为它的蜿蜒曲折而得名。说是湖，其实是一条河。它一头连着萧山的西小江，一头连着衙前镇明华村的明华河，源源不断的活水，让九曲湖总是焕发着活力与光彩。

当地人戏称：杭州有西湖，萧山有湘湖，而明华村有九曲湖。足可见九曲湖的美。

河面并不宽，右边的河岸有一排整齐的松木桩作为生态护岸，而左边的河岸则保留了原生态的面貌。岸边，时不时能看到弯腰垂落到水面的枫杨树，搭配高低错落的水杉树、水生植物，营造出了浓浓的绿色氛围。而九曲湖的两边，是整片整片的农田，绿肆意蔓延。

在这里，每一个季节都能领略到不一样的风景。春天，草长莺飞，漫步其间，每吸一口气都沁人心脾；夏日，树木苍翠欲滴，周围蝉鸣阵阵，一派繁盛景象；秋天，凉风拂面，秋意醉人；冬天，万物进入休眠状态，静谧而安详。

周焕琴画的，是芒种时节的九曲湖：芒种到了，一切作物都开始"忙种"了，农人们将开始新一季的忙碌；土地翻过后，空气中都是泥土的芬芳，田间的农民躬下身子，种下一棵又一棵秧苗……

待到9月，这一期的稻花，便会等着秋风来吹，预备结壳。农作的浪漫与残酷，风来是一回事，风没来是另一个结果，站在田边听风的农夫，会顺着天地的脾气耕作出每一期粮食蔬果的稀有价值。

而这，不事生产只是饮食的人，恐怕很难明白。

周焕琴将这一切，都放进自己的画布之中，她说："种地是生活，农民画则是农民的诗和远方。"

听完了故事，周焕琴还告诉我，现在每晚睡前，她都会画上一两个小时。"真的很放松，对我而言，画画是减压。"不忙的时候，她会在速写本上画草稿，捕捉灵感。她还给我看手机里拍的照片，也是她以后想画的题材：一大片稻田，四下无人，挺美，也挺安静。

"有时候我觉得，画画跟种田是一个道理，都是面对大片的荒芜与空白，一棵一棵种下去，经历漫长的劳作，然后一粒一粒收回来。"

的确，芒种，忙种。

所有离别，皆是为了重逢

陈曼冬

虽然夏至的气息里，充满了小别离的氛围，但更张扬着向前看的傲。一声"色宽"（轻松），祝所有毕业生前途似锦，"莫愁前路无知己，天下谁人不识君"，我们江湖再见。

六月，暑来寒往，情意绵长。

夏天的风和热，从空气中，从地表，从楼宇间，从小巷里，凑到我们的眼前来。

古时候的人通过把杆子直立在地上，观察太阳光投射的杆影来确认时间，这就是最早的时钟，叫作日晷。古人通过观察太阳光投射的杆影的长短，确定了夏至节气。

夏至的"至"并不是到来的意思，而是太阳北行到极致的意思。这是北半球一年中白天最长的一天，北半球的人们能看到自己一年当中最短的影子。

有很多故事都发生在夏至这个时节。有一个词语，与夏至有关，它叫告别。这个时节，许多学子走出校园。他们即将告别老师同学，踏上全新的人生旅途。时光的河慢慢前行，奔流不回，终有一天要同过去美好的回忆挥手告别。而暂时的离别，是为了未来更好的相遇。

半晴半雨、伤感黏腻的梅雨季即将过去，池阴树影凉，触荷清露碎。一场骤然倾盆的暴雨洗去热浪，抚平夏日的焦躁，并生发出蓬勃的生命，如同启程的学子。

夏至已到，又是一年的风味人间。

一

与石苑约好在浙大城市学院的晓风书屋见面。离约定时间大约还有十分钟，我停好车，沿小路往晓风书屋的方向走去。绿荫如盖，微风吹起，树叶沙沙作响，阳光从树叶缝隙洒向地面，宛如一地碎金。

一名女子迎着阳光向我走来，卷发，大眼睛。她看向我，礼貌地笑了一下，露出好看的梨涡。我亦轻轻点头笑着回礼。擦身而过的瞬间我回头叫住了她："是石苑老师吧?"她回眸道："师姐好，我正想去帮你看看有没有车位。"

这是我们的第一次见面。

大约人与人之间是有密码的吧。譬如我与石苑。

约她采访的前一天我看了石苑的一个短片。短片记录了石苑为毕业季的学生操办毕业影像展和晚会的故事。一分多钟的短片瞬间把我拉回了我的校园时光。

我和石苑是校友，有一个共同的母校——中国传媒大学。中传有一个持续了二十年的品牌活动——"半夏的纪念"，这是每年夏天的一场盛大仪式。这个活动最早是电视学院的老师带着学生做的一个毕业影像展，二十年过去，时至今日，"半夏的纪念"已成为师生共坚理想信念、共担历史使命、共创时代记忆的重要影像舞台，为青年影像人搭建起专业、开放的交流平台。它是一场属于青年、属于影像、属于中国文化故事的光影之旅。

中国传媒大学的毕业季是盛大而隆重的，石苑说，在如今的时光，她亦常常想起。视频里有一张她在中传毕业季走红毯的照片，青春、恣意、美好、温暖。

我们的聊天就从最熟悉的母校开始。

二

石苑是浙大城市学院新闻传播学系副系主任，硕博毕业于中国传媒大学。自2014年入校以来，石苑主要教授"传播学概论""广播电视概论""微电影创作""动画电影赏析"

等课程, 幽默轻松的讲课氛围、精彩生动的授课风格让她在学院拥有超高人气, 有"传媒女神"之称。

我和石苑说, 看到视频里她做的毕业展映, 我想到了中传的毕业季。

"是啊!"石苑打开了话匣子, "你知道吗, 在北京读书时, 我最羡慕的就是中传的毕业季——展映、班鉴、红毯, 一个都不能少, 是浓浓的电视时代的仪式感。"

很多年前第一次来到北京, 从北京站出来的她就"哇"了一下——双向八车道的长安街, 风滚滚地吹。她一边抓着像章鱼一样在脸上扑腾的头发, 一边感叹首都的天那么蓝, 那么高, 还有鸽哨声声。她说很多年之后她还是会同她的学生讲起北京带给她的这样一种感觉——你可以不化妆走在路上。Nobody cares!

今年是她从中国传媒大学毕业回杭州教书的第九年。在晓风书屋门口的椅子上, 我问起她从北京回杭州的感受。她沉吟片刻, 坦言有一种不适感。虽然她明明就是土生土长的杭州姑娘。

这种不适感来自学生们的性格。她发现自己的学生们就像梅雨时节的雨, 很温柔, 同时又很克制。他们时而茫然,时而拘束。她于是开始怀念大学的时候那个"放肆"的自己，她又一次想起了中传最有特色的华丽的毕业礼。

那么多年过去了，石苑依旧会想起那一年中传的毕业礼。在美女如云的中国传媒大学，她的目光被一对父女吸引。女孩子穿着当年最流行的青花瓷图案的旗袍，立领衬托着天鹅颈，修身的剪裁勾勒出完美的身材。中年男子是很典型的来自北方的父亲，洗得松松垮垮的圆领老头衫，下装是凉拖鞋配五分裤。大约是为了让自己看起来瘦一点儿，老头衫特意选择了黑色。就是这样一位父亲，当他看到自己那美丽的女儿的时候，眼里是由衷的开心与自豪。

那一刻她被深深打动。每每想起这一幕，石苑都会觉得仪式感的意义或许不仅仅是为了学生本人，同时也是为了让他们的人生中有这样一个节点能让家人或者与自己人生有交集的人来共同见证。这种感觉既真实又细腻，在石苑看来是一种可以被感知与触摸的亲密关系。她说，那一瞬间觉得世界真美好。

她觉得需要给学生们一种叫作仪式感的东西。

2020年，石苑决定做一台毕业展映晚会。

2021年的晚会是最盛大的。除了毕业生，许多学弟学妹也加入进来，可容纳六百人的报告厅，上座率高达三分之二。那年展映作品中有一部作品讲述的是上海的一位视障阿姨和导盲犬的故事。晚会当天，他们还请来了故事的主人公视障阿姨。在现场，视障阿姨说："我眼睛还能看到一点点光，所以我想趁还能看到的时候看一下。"全场都被这句话深深地感动了。石苑上去轻轻抱住了这位阿姨。

而事实上，我们做的很多事情就如同微光，小小的光亮就足够在黑暗中指引方向，散发温暖。

为了确保学生们都能如期回校参加展映，展映晚会通常放在学位授予仪式前一天晚上举办。这个时候很多学生已经开始上班了，他们往往是从工作单位回到学校来参加活动，这种场域的转换无论是对于学生本人还是老师都有很大的冲击力。石苑有时候会发现学生们的整个模样气质跟在学校里的时候完全不一样了。

很多时候，在毕设晚会上的那个视频短片也许会是作者人生中的最后一件视频作品，大多数学生毕业后就不再从事所学专业，石苑说这台晚会是她能给他们留下的一个能够拥有美好回忆的舞台。她想通过这样的一种盛大的仪式来唤醒年轻学子内心某种对生活最本真的热爱。

在聊毕业展映的时候，我试图让石苑给我讲一些故事。石苑说，事实上留存在她记忆里的，往往是一些片段与细节；

例如在盛夏时节骑着三轮车去学校旁边的沈半路灯具市场买霓虹灯，穿着花衬衣长得像五条人乐队主唱的那个沉默寡言的学生；

例如在毕业展映上那个穿着张爱玲风格旗袍蹬着细高跟的女孩在展映结束时踢掉高跟鞋帮她卷起地上的红毯，因为女孩儿发现石老师怀孕了；

例如那个特地从南浔赶来参加展映的学生，虽然没来得及和老师聊天，却在她的办公室留下了在现场默默拍摄的大约五十张拍立得的照片以及自己最近出版的新书；

例如那个有抑郁症的女孩儿，跟着石苑做完一整场活动后，居然自愈了。

石苑用她特有的带着画面感的语言风格，看似漫不经心地讲述着这些的时候，我分明感受到了她内心炙热的小火苗。后来她说，就是这些细节，她被学生们温暖了，她觉得一切都是值得的。

三

翻看石苑的朋友圈，发现她最爱用的一个词是"2.5次元"。石苑说2.5次元就是两个次元之间的夹缝，它的好处就在于既有理想的色彩——可以让你在某种范围里实现自己的一些想法，但同时跟现实又是有连接的，就当下的生态状况来讲就是不要仅仅虚拟地活在电子世界里。"我们还是需要寻找人生转圜的一个余地的。"石苑抬头看了看天，"或许这也是展映之于我的意义。"

2.5次元的概念源自日本。石苑说她喜欢去日本旅行，她最喜欢镰仓，《灌篮高手》中那列有轨电车在海边驶过的场景就在镰仓。在那里穿着鲨鱼皮冲浪的大叔或许就是在东京的上班族，这个周末他"脱去自己的乌鸦皮"开着摩托车换上鲨鱼皮来冲浪，在石苑看来这就是一种转圜的余地和生活方式，她喜欢并寻找着这样的方式和状态。

那天在夏日的树荫下，石苑数次提到麦克卢汉的名言Media is message（媒介即讯息）。不可否认，作为中传校友，并且曾经在中传任教的我很熟悉并欣赏石苑身上散发出来的学院派气质。

麦克卢汉在20世纪60年代提出Media is message的理论，而那是一个还没有手机和互联网的年代。后来我们聊起传播学理论之于现在"人人都是自媒体"的年代的意义。"所以事实上理论的好，是在于往往有一种预见性，它可以让你在这个纷繁复杂的一个世界里，拥有一颗澄澈而理智的心。"她看着我认真地说出这番话。在这个瞬间我意识到，2.5次元或许还意味着破壁和出圈，这恰好也是石苑给我的另一种感觉。

案例库教学、融媒体平台、实践能力呈现……在日常工作中，石苑尽一切可能将传播学理论课程变得生动有趣。平日里课堂上，她也总是有一些小巧思。比如开课前五分钟都会用"free talk"（暖场）的形式来讨论时事热点。

在学校，石苑被认为是传播学理论课程的创新者、破壁教学的开拓者。2021年，怀着求索之心，石苑带领学生团队创制了"观读鲁迅"视听系列作品，并作为2021年全国美术馆馆藏精品展出季项目——《浙江版画百年》展览的现场沉浸媒体装置，在浙江美术馆展出。实际上，"观读鲁迅"系列作品已经是石苑带领团队与浙江美术馆进行的第三次合作了。从三屏巨幕"仙华双甲"、四屏装置"红船女儿"，到九十度直角LED屏的"观读鲁迅"，石苑坦言："每次的新展墙和新装置，都像游戏解锁新地图，团队在尝试——否定——尝试的循环中，痛并快乐着。"

在说到项目的意义时，石苑回答："对于我而言的'高光时刻'，并非作品的完成，而是每位成员面对艰涩文本、海量素材、未知技术时，竭力想要传递美的一次次努力。有时我们只是美的搬运工，但传媒人始终应当有对专业的信仰和责任，因为你永远不知道作品会被谁仔细去看。"

事实上，"信仰和责任"始终贯穿着整场谈话，无论我们聊的是校园生活、学术，还是学校生活的小八卦、小细节。所以我相信"信仰和责任"亦是石苑鬼马精灵、热情似火外表之下的精神内核。

有时候我会想，我们读那么多书，看那么多文本，经历那么多事情，大约就是为了在人生中有一个对应的场景吧，就像本文开头那场让石苑印象深刻的毕业礼，她记得的不只是那个漂亮的小姑娘，还有那个穿着圆领老头衫的爸爸。这个对应的场景会让你在若干年后回望时，照见与被照见。

"我还是适合当老师的吧，这应该是我人生目前最大的收获了。"石苑笑着对我说。

写完这些即将合上电脑的时候，发现今天恰好是夏至。

酱缸里的小宇宙

周华诚

每一个巨大的缸体，都是一个小宇宙，隐藏着天地之间的自然哲学，也隐藏着每个杭州人的味觉秘密。米醋的成熟，最重要的因素就是气温。小暑，七月，开敞的制醋车间闷热得很，但这也是醋生长的最佳时间。每一缸醋都在快速地生长，缸里面热热闹闹的，酝酿着一场变局。

一

江南七月。小暑。太阳底下酷热难当。温度计已经爆表。

"开耙师傅"杨国英，在五味和做玫瑰米醋十年了，她满头大汗，正把一个个巨大的草缸盖搬到场地里去晒。

经过六个月的生长，米醋要成熟了，整个厂区都飘荡着醋香。

草缸盖这个东西，很奇妙，能藏潮，能长菌，酿醋非得用这个不可，也非得每天搬出去晒一晒不可。搬了三四个小时的缸盖，然后，她开始"开耙"。

"开耙"是个技术活，直接影响醋的风味。什么时候开耙，什么温度开耙，开耙的力道如何，都是开耙师傅经验累积的结果。

在开耙之前，杨师傅先闻一闻香，摸一摸缸。可能这也是一种仪式。摸一摸缸，就知道缸里的冷暖；闻一闻香，就懂得每一口缸里的秘密。

开耙，就是把一把木耙伸到醋缸里去搅动。每一缸要搅动六次。每一次搅动，要让整个缸里的液体翻动起来，带动米渣在缸内旋转。这个巨大的场域里，每天都有两千多缸米醋要开耙。

每一个巨大的缸体，都是一个小宇宙，隐藏着天地之间的自然哲学，也隐藏着每个杭州人的味觉秘密。

"我们家最爱吃玫瑰米醋了。"杨师傅说，早上吃小笼包、馄饨，都喜欢多倒点醋。她的拿手菜是糖醋鱼，女儿最爱吃。杨师傅有两个女儿，一个二十四岁，一个十九岁，一个在上大学，一个要高考了。两个女儿的口味差不多，都最爱妈妈的手艺，放假的时候，人还没到家，电话先到家了："妈妈！给我们烧一个糖醋鱼吧！"

杨师傅烧糖醋鱼，几十年了，一直用的是玫瑰米醋。

这也是一家人的味觉秘密。

二

杨师傅做醋十几个年头了，现在已经是车间里的老师傅。后面进来的人，也是她手把手地带徒。有的人以为，这份工作没啥技术含量。实际上外人都不大知晓，在"五味和"这样的老牌子酱园里，最关键的技术力量，正是一大批的"头脑师傅"。

在酱园，最厉害的，也是工资最高的，就是"头脑师傅"。老底子的酱园，资本雄厚的，才请上一位"头脑师傅"。当年的恒泰酱园了不得，一下请了两位"头脑师傅"。

如果酱园掌柜的工资是十两银子的话，那么"头脑师傅"就得发二十两银子。

恒泰酱园是杭州的老字号，老底子在庆春路上，很多"老杭州"的记忆里都有它。1881年，恒泰酱园成立。1903年，五味和食品店成立。其后，两个商号经历变革，分别改组为杭州工农酿造厂、杭州利民食品厂，又历经合并，并入杭州市食品工业公司，后整体改制，成为杭州市食品酿造有限公司。

再后来，有了浙江五味和食品有限公司。五味和旗下，拥有两个国家级老字号品牌——湖羊酱油、五味和糕点。湖羊酱油，是制作杭帮菜的必用调味品。

话头不扯远了，总之，恒泰酱园就是老杭州人认准的"味道工厂"。懂的人自然懂：一个酱园的"命脉"都捏在"头脑师傅"手里。出的酱油鲜不鲜，醋的香味正不正，酒的味道醇不醇，都跟"头脑师傅"有关系。

在科技不发达的年代，"头脑师傅"掌握的几乎是一些核心"机密"，连他们自己也说不太清楚。比方说，门帘开不开，窗户开多大；缸盖什么时候开，怎么开，开多大——但凡要动什么东西，都要经过他们的同意。

如果没有经过"头脑师傅"同意，随意动了什么物件，那是要挨罚的。

现在，五味和的调味品生产，从依靠经验传承走向依靠科学的酿造方式，采用高盐稀态发酵法生产酱油，一次可以发酵上百吨原料，改变了原先"靠天吃饭"的局面。

尽管如此，从"头脑师傅"手中传下来的"味觉秘密"，却一点也没有走样。代代相传之后，成为杭州人餐桌、舌尖最独特的味觉记忆。

三

天气好的时候，杨师傅上班后的第一件事情，就是把草缸盖搬到日头底下去晒。

然后开耙。耙也要先用百分之七十五的酒精消毒，避免把杂菌带进发酵缸。

别看稻草缸盖子不起眼，实际上现在很多古老的东西，想找到都不太容易了。

在五味和，一年到头就做两次醋。

这种古法酿醋技艺，以优质大米、糯米、纯中药制作醋曲，经过蒸煮、酿晒、发酵等三十余道工序方能制成。从原料加工到成品包装，各道工序都严格遵循着古法的要求，整个过程需要六个月以上的时间。

在中国，醋有南北之分，主要就是酿造方式不同。

北方系醋，多以开缸固态发酵法制作，比如山西老陈醋、镇江香醋、四川保宁醋、北京龙门醋、天津独流老醋。这些醋更适合用来蘸饺子，解油腻，有微微的回甘。

南方系醋，在发酵的时候用的是关缸液态发酵，像福建永春老醋，也叫乌醋，酸味比较薄，味道偏甜，吃海鲜时做蘸料，或做凉拌菜的时候用点，味道鲜甜。

"中国人以谷物酿醋，由于原料和工艺的不同，各地的醋口味也会相差甚远，江南的灵秀则赋予醋另一种性格……"

那"五味和"的名品，中国四大名醋之一的"双鱼"牌玫瑰米醋，又是什么样的口味呢？《舌尖上的中国》里有一集《五味的调和》，就提到了"双鱼"牌玫瑰米醋："历经十三道传统工序，一百八十天自然发酵，酸味物质分解出的氢离子，在口腔中撩动着我们的味蕾，而中餐中的酸味，大多是由醋带来的……"这个片段的截图，也挂在杨师傅所在的浙江五味和食品有限公司玫瑰米醋生产基地的宣传栏里。

"这么说哦，我们杭嘉湖的人，都爱这种玫瑰米醋，因为色泽柔和，醋香独特，滋味鲜甜。"

"玫瑰浙醋"，需浙江省独有的地理环境才可酿成，其利用自然界的微生物或部分添加曲霉、酵母菌等微生物，经表面静置液态发酵法酿造而成，是一种不添加任何色素、酸味剂和甜味剂，具有玫瑰红色的酿造食醋。

四

开耙的时候，杨师傅凭借熟悉的手感就能知道，这些大缸里的醋正在一天天地成熟。

米醋的成熟，最重要的因素就是气温。小暑，七月，开敞的制醋车间闷热得很，一会儿杨师傅的衣衫就湿透了。

但这也是醋生长的最佳时间。一年当中，最热的时节恰好也是最佳的做醋时刻。每一缸醋都在快速地生长，缸里面热热闹闹的，酝酿着一场变局。

醋发酵的时候会产生热量，上层和下层的温度不同，需要人工介入去搅拌开来，让整个缸体中的物质均匀分布。

一排排大缸整齐排列，场面十分壮观。杨师傅双手执耙，小心翼翼地顺时针、逆时针搅动起大缸内的液体，神情庄重认真，似乎这些动作，是工匠与技艺进行的一种特殊的交流仪式。

杨师傅的丈夫也是做醋师傅，平时两人一起上班，一起下班。家里的房子两年前拆迁了，分到了两套房子，跟一般人家比，生活算是无忧无虑了。这份做醋工作，尤其有成就感，让她觉得自豪。

"虽然工作的时候，感觉很辛苦，环境很热，劳动量也很繁重。但是我们这些人，如果不工作，整天闲着，或者整天搓麻将，那人生有什么意思？"

杨师傅说，日子就是这样的，既要有劳动的辛苦，又要有收获的喜悦。正是因为有了劳动时的辛苦，休息的时候，才会觉得特别畅快。

每天下了班，在家里烧两个小菜，咪几口小酒，那味道不要太好哦。

说到下酒菜，杨师傅又很自豪："我做的酸萝卜，那真是没得说，一家人都爱吃。"

杨师傅做的酸萝卜，酸脆味美，不仅家里人爱吃，亲戚朋友也说好吃。有时候她做得多一些，就邻居街坊、亲戚朋友都送一点分享，大家吃了都赞不绝口。

"说到底，无非是我对吃比较讲究嘛！"杨师傅说，口味这个东西，很奇怪的，有的人做的东西就是好吃。"再说了，我做的酸萝卜都是用玫瑰醋泡的，能不好吃吗？"

杨师傅整天泡在酿醋车间里，闻着醋香，这几年疫情下来，她一次也没有"阳"过——说出来很多人都不信。

不过，这也让杨师傅更加坚信，醋是个好东西。

五

陪同我们在酿醋车间里参观的李总，也跟我们聊起来，说传统地道的"杭州味道"里，醋啊酱油啊这些东西，是相当讲究的。

比方说，杭帮菜领域的大师胡宗英就说过一句话："做西湖醋鱼这道菜，鱼可以换，醋不能变。"

做西湖醋鱼，一定要用"双鱼"牌玫瑰米醋。

除了西湖醋鱼，杭州的名菜宋嫂鱼羹、蟹酿橙、糖醋排骨等，如果换了别的醋，一尝就知道，味道不对了。

再比方说，杭州人十分熟悉的家常菜，油爆虾，别的酱油就是做不出来那个熟悉的味道，必须用"蓝袋鲜"。

杭州人都喜欢吃的酱鸭，用别的品牌的酱油，这个酱香就没有了。出来的酱鸭，就不是老杭州味道。酱鸭，酱香肠，老杭州人都知道，要用这个包装看起来朴素极了，却酱香浓郁的"蓝袋鲜"。

说起来，也不是这个酱油、这个醋有多牛，而是这个酱油、这个醋的味道，已深深地融入大伙儿的味蕾，成为味觉记忆了。

一旦成为穿越时光的味道记忆，那还有什么可以代替的吗？没有了。

"味道"是一种记忆，也是一门科学。在酿造领域，把传统工艺科学化的过程，涉及很多专业的跨界。单单一个学科，做不了这个事。

中式烹饪里，有些东西是非常微妙的。

这些秘密，其实都藏在"头脑师傅"的肌肉记忆里。他们说不清道不明，科学仪器也检测不出，但是，杭州人的舌头知道。

有个杭州朋友，在澳大利亚生活，想吃一口正宗的杭州味道——拌面。

做拌面不难。面条在澳大利亚的中国超市是能买到的，酱油也是有的。配料无非是酱油、葱花、榨菜、油。拌面还有什么难度吗？但是吃来吃去，都不是那个味道。最后，他让朋友买了"蓝袋鲜"酱油，寄到澳大利亚去。

一口拌面吃下去，眼泪都要掉下来了——这才是杭州街头，每天清早大家能吃到的拌面。

漂洋过海的酱油，这一路的旅途辛劳且不去说它，单单是这一趟的邮费，就值回多少袋酱油了！

所以，杨国英师傅这样的手艺人，还在五味和的车间里，坚持用最传统的手艺酿造着"老味道"，实际上也是在守护着大家的"味觉秘密"。

小暑这天下午五点多，杨师傅终于可以坐下来歇一歇了。

酿醋车间外面，一个个坛子靠墙堆成小山。到了这时，原本白花花的阳光也收敛了许多，不那么猛烈了，甚至场地里还有一丝微风拂来。杨师傅收拾东西，准备下班。放暑假了，孩子们都在家里，她准备回家烧点好吃的。

一碗酸萝卜之外，一锅酸溜溜的鱼汤也是必不可少的。夏天喝点酸的东西，既开胃，又舒坦。

低头种菜，抬头摘瓜

许志华

　　无所事事的时候，陈自明将先前买的成吨成吨的红糖，加微生物EM菌发酵后通过管道滴灌到地里，以增强土壤的肥力与活性，让休耕的土地享受到来自农人的善意和甜美。

一

大暑日晚上七点多，夜色微凉。

在位于千岛湖西南的淳安县安阳乡黄川村，一个打着手电筒的瘦高男人与一条跑在前面的白毛大狗，正沿着那条水声潺潺的浅溪，走向星光下那个充斥着蛙声虫鸣的农场。他要去给几个大棚里的小菜苗浇水，还要给种在露天的几亩长势旺盛的花菜拔草、捉虫。

男人叫陈自明，江西人，三十五岁，早年在地方卫生院工作。自从受了《致富经》上"一亩黄瓜地可出三万斤，一个西红柿日光大棚可以赚十万块钱"的"诱惑"转行种菜以来，靠着一股不服输的执拗傻劲，毅然从平淡的小镇生活出走，从江西到北京，再到山东、河北、内蒙古、辽宁、吉林、黑龙江、广东、贵州，像一只被流放在大风中的风筝一样漂泊辗转，一路边走边看边学，历经十年，最终在淳安县安阳乡黄川村扎下了根，不仅成了当地有名的种菜能手，还成功地把自己熬成了一个只会种菜只喜欢读点书的孤独单身汉。

夏季，对于陈自明来说，是一年中最忙碌的时节。每天天刚蒙蒙亮，尚在酣睡中的他就被两个论年纪可以做他妈妈的农场阿姨唤醒。等给两个阿姨分派完一天的活计，时间也还早，陈自明就随便吃一点早饭，然后骑上那辆电动三轮车去地里。先去各个区域看看各种菜的长势：有没有生病，有没有缺肥，需不需要上架。等几十亩菜地看完，第二天要做的事就记在心里了。

巡完地，他会去找两个在地里干活的阿姨，看看她们的工作进度。其实阿姨们做事很勤快，完全不需要监督。相处时间长了，彼此就像亲人一样，阿姨们在他出现的时候总喜欢一唱一和开他的玩笑，譬如每次都会问同一个问题：你为什么还不娶老婆？这时候，招架不住的陈自明就知道自己该逃了。

接下来是耕地的时间，一般要耕到中午，然后回住地烧菜、吃饭、歇一下。下午两点后又开始上工，通常是两个阿姨在地里摘菜，他则通过埋入土里的管道给每块地的菜输入肥料或浇水，这些事情有一点技术要求，两个阿姨代劳不了。等做完这些事情，陈自明就要把阿姨们摘好的菜用那辆电动三轮车拉回去，卖给来收菜的菜贩子，之后就要张罗晚饭了。

晚饭后，等热气散去，气温慢慢降下来，陈自明还要去地里干上几个小时——该浇的水要浇，该拔的草要拔，该捉的虫要捉。和白天的忙碌相比，夜晚在地里的时间对陈自明来说，倒是最惬意的，尤其是将捉来的一桶青虫倒进溪中喂鱼的时候，星光下，夜色中，一人一狗，静静地聆听一会儿蛙声虫鸣，便是天籁。

夜里的活干完，如果时间尚早，回到住地，他就找一本种菜的专业书读一读，看看能不能解决白天遇到的问题，再做一下笔记，或者读一会儿闲书再睡觉。

二

种菜很辛苦，要想在这个行业闯出一片天地更难。

不必说最初在老家办农场的失败，即便成了一个出色的农技员，工作也极不稳定。譬如与陈自明初识的 2018 年春，那时他刚被我朋友请到莫干山的农场负责种菜。记得第一次见他时，他正在一个大棚里用手扶小耕地机娴熟地耕地，旁边的一个大棚里有他繁育的各种菜苗；第二次去，见到他在大棚里给西红柿苗做嫁接；第三次去，他在给西红柿苗吊蔓：一次次去，每次都看到他在做一些对农场的其他工人来说有难度的技术活。

种菜是一件本身投入很大收益却往往很低的事情，加上一些别的因素，尽管陈自明种菜的技术很好，办农场的朋友却最终没有把他留下。

2018年末，陈自明来到位于千岛湖畔的淳安县安阳乡。安阳这个地方虽然地理位置偏僻，但他并不陌生，之前他在这里做过一段时间的农业技术员，当初因为工资待遇不高而离开。但和初去的时候不同，这次安阳乡是让他回去办农场的，开出了很好的条件，包括路啊渠啊等一些基础设施的建设、免费使用蔬菜大棚等，加上黄川村这片农场拥有依山傍水的天然条件，以及对土地的热爱，这一切都给了陈自明扎根下来的理由。

刚开始的时候，缺启动资金，买不起工具，也请不起帮工。为了尽快把农场办起来，陈自明只好种上海青等一些能快速生长的叶菜。没有耕地用的微耕机，就从卖农具的店里赊借。等几批菜卖掉，加上帮周边几个原本熟识的农场老板做技术方案赚得的收入，陈自明手头有了一点积蓄，才开始请帮工、添置农具。此时陈自明的内心有一种别人难以察觉的雀跃，他知道，是时候着手改良土壤了。他从旁边的一家大型鹌鹑养殖场拉来二十几车鹌鹑粪，经发酵处理后分批次撒进地里，开始信心满满地实施有机种植的"百年大计"。

说起搞有机种植的最初想法，陈自明说源于早些年在北方做农技员时受到的两次灵魂触动。

第一次是初到北京在一家农业公司担任技术员的时候，在这里他遇到了一位来自山东寿光的师傅。寿光师傅是标准化种植的代表，他从寿光师傅嘴里得知，蔬菜作物的每个阶段都要施肥用药。以黄瓜为例，种植前，先要施入地下杀虫剂；出苗以后，要打保护性杀菌剂；在开花之前至少有四到五次用药；开花以后，要使用激素沾花，只有这样，黄瓜在采收时，才有好看的"顶花带刺"；进入采摘期后，还要不停地使用防病防虫的农药。

陈自明后来做过统计，按照寿光师傅的化学农法，种一次黄瓜，至少要使用三四次激素和十几次药，化肥的使用也极为频繁，平常基本一个星期一次，到采摘时每摘一次就要灌一次肥，这个术语叫"不脱肥"。在北京农业公司的经历，让他看清了种菜业靠农药化肥当家的现实，陈自明在心里做了一个决定：以后自己种菜，一定不能光使用化学农法，一定要改变一些事情。

第二次触动是在东北。当时为了学人家的农业技术，只要空闲，陈自明就会去农户的菜地里走走转转，他看到一些农户家地里，菜烂的烂，死的死，一塌糊涂，而另一些农户家的菜长得整整齐齐，油光水滑，让人忍不住要下手去采。

觉得奇怪的陈自明向人请教个中原因后才知道，前者由于连年耕作种植，透支了土地肥力，而后者采用传统轮作的方式，每一次种植都给土壤足够的休养时间，并用羊粪、玉米秆子加生物菌发酵的堆肥还田，所以，同样是一块地，从地里长出来的蔬菜差异却很明显。

在北方工作了四五年，陈自明逐渐意识到，化学农法大行其道的规模化种植，是以污染土壤和环境、牺牲蔬菜的口味及人的健康为代价的，如果自己以后以种菜为生，就要少用农药与化肥，要采用更有机的方式。诚如他后来总结的：种地人一定要对土地有感情，种植之前先育苗，育苗之前先育土，育土之前先育人……陈自明的这几句话让我觉得他种菜种出了另一种高度。

就这样慢慢地耕种，原本以为农场会朝着自己的理想一步步向好，不料新冠疫情气势汹汹地来了。陈自明说，那段时间真是不堪回首。如果说绝望有十个等级，陈自明说自己起码接近了八级。幸好2022年的时候，一家房产公司看中了他的种菜手艺，让他去种菜，给了他一份稳定的工资，这对他和他的农场来说，不啻是雪中送炭。

疫情三年，看到周边的农场倒闭了七七八八，对自己的种菜技术一向自信的陈自明，内心仅有的一点骄傲，也被现实无情地击得粉碎。不过这三年也并非没有收获，关在农场无所事事的时候，他将先前买的成吨成吨的红糖，加微生物EM菌发酵后通过管道滴灌到地里，以增强土壤的肥力与活性，让休耕的土地享受到来自农人的善意和甜美。

陈自明相信，一方水土养一方人。他特别留心本地人的饮食癖好，有段时间经常去附近的几个菜场看菜摊上卖的辣椒，并向菜贩了解本地人对"完美辣椒"的各项指标需求。之后他从北京、山东、四川、湖南等地引进了数个辣椒品种，经过两年的品种测试和筛选，终于培育出了一个后来在本地市场大受欢迎的虎皮辣椒品种。

现在，陈自明的菜不愁卖。疫情时期他经常免费向附近的单位送菜，这无形中帮他打通了周围供需方的关系，我觉得这是对他善意的回报。

最重要的还是人的成长。疫情三年，他反观自身，改掉了身上的许多毛病，不仅烟抽得少了，还学会了做饭，人也变得自律，除了种菜的专业书外，还看了不少其他的书。最近，我们聊起过余华的《兄弟》、余秀华的《摇摇晃晃的人间》，他说刚买了一本书叫《豆腐》。我知道那是一本以豆腐为题的诗文集。

三

今年是陈自明农场菜卖得最好的一年，也是种菜最扬眉吐气的一年。这一点，只要看过陈自明这两个月来的微信朋友圈就知道了。

从二斤重的土豆引来二百里外农科院专家的观摩，到辣椒还挂在枝头就被订购一空，到农田路边的收菜车排长队，一不小心，陈自明的农场就成了当地同等农场中的NO.1（第一名）。这让他觉得，这一季的菜是否有点种少了。

所谓否极泰来，其实是在对的路上寸土寸进、坚持不懈的厚积薄发，是在对的路上经历风雨依旧充满希望的坚守。这个朴素的道理，是我从陈自明这个种菜佬身上经过数年的观察体悟到的。

撇开写这篇文章，这几年，我没少吃他送的菜，对种菜佬起码的感恩之心或许影响了我对他的整体观感。诚然，他身上还有点掼头掼脑（有点拽，有点装）的影子，有时发的某条朋友圈还会让我想到"花壳儿相"——"花壳儿相"在杭州话里就是自负、浮、油、不够实在的意思，但他的进步实在太大了。

比如近几年他爱上了买书看书，常让我给他推荐一些文学经典；比如前两日他发来的一段田间记录，虽然标点符号一逗到底，文字却朴素生动，读起来有一种来自大地的安详丰足气象：

> 有时夏季种菜挺辛苦的，夏天的温度太高，白天有的管理，实在管理不了，晚上我一般都是出门去农场进行下管理，给菜浇浇水，农场里面养了只狗，一般我出门时它都会跟在我后面，非常机灵的一条狗，有次我到地里面加班，走在路上，那时只

听跑在前面的它一个劲叫，我过去一看，前面小路上，横着一条一米多长的银环蛇，我是一个急性子的人，如果没有狗的提示，我可能已经踩在蛇上面了，农场晚上加班是惬意的，农场旁边就是一条清凉的溪流，晚上时，能够听到溪水的声音，有时还可以看到几只野鸭飞出来，晚上加班我一般是浇水，有的地块浇完水以后，我在旁边地块拿着手电筒看看里面菜的情况，因为白天太阳大，虫子都躲起来了，要晚上才看得到，夏天虫子比较多，多到一棵花菜上面有十几条虫子，很大，都能听到它们吃叶子的声音，在地里面走动时，有时会碰到一条大蛇在吃青蛙，一般看到这个情况，我就跑得远远的，晚上加班时，不管加班到多晚，养的狗狗都在旁边陪着，也不回去睡觉。

前两日夜里，这厮在微信里给我发来一张照片，"炫耀"诗人孙昌建老师赠给他一本新诗集，扉页上题了"种菜读书一高人"的期许。孙老师的赠语甚好，善哉善哉。

山寺月中寻桂子，

郡亭枕上看潮头。

秋

小锣一响，好戏登场

李郁葱

虽然杜传富具备语言表演艺术的天赋，但在此后很多年的时间里，他就像是一块被闲置的土地，直到人生的春天。

热爱可以让人做成很多的事情，杜传富便是如此，小学二年级文化程度的他，在夕阳之年执着于写作，且数易其稿，写了厚厚的一沓又一沓。

他的梦想源自童年，他希望在退休后成为小热昏（一种流行于江浙等地的说唱艺术）大家周志华的徒弟。如今，他梦想成真，这就像是果木在秋日时的敛结，在秘密积淀中的呈现。

他像是一位民间传唱者，他的歌声弥漫着田野的花香和草木的气息，其中融入了一些散落在尘土里的古老风俗，在这里，对与不对并不重要，它是一种朴素的表达。

让我们回到杜传富的童年，甚至更早一点，他就像一条河，源头早已形成：他的童年决定了河流的走向。

这是生活的样本之一。

一

这仿佛是一种宿命。

1919年，在我们的记忆之外，也远在杜传富出生之前，艮山门外河岸边，一家二开间二层楼的茶馆在这一年开张，叫长兴圆茶店。

打从杜传富记事起，这间由爷爷开的茶馆，便是他的童年记忆。

"七家茶店，生意最好的就数我家了。"

遥远的童年，经过时间的过滤，往往只为我们留下了美好的记忆。杜传富出生的时候，长兴圆茶店二十七岁；到杜传富能够记事的时候，长兴圆茶店恰好在而立之年。

"茶客没带钱，也可以来吃茶。一斤红茶可以卖给六十四位客人，每壶八分；一斤绿茶可以卖给八十位客人，每壶六分。开水是一只热水瓶一分。茶叶是老东岳的。胡家胡头的长子叫阿荣，每十天送一次，老茶客都说他的茶叶香味足。"

有些记忆注定是温润的，比如在老底子的生活中，有一种让人觉得温暖的东西，就像那时每年大年初一喝的元宝茶。那一天的茶特别好，里面要放桂圆、青果、烘青豆、金橘、小红枣等。而那时候的茶客也有着古典的情怀，比如他们会拿芝麻、花生、年糕等物作为回礼。

茶馆当时和都锦生丝织厂很近，每年的大年初五，茶馆特别忙。每个月的初五，丝绸老板们都要到茶馆里来谈生意。由于都锦生的缘故，艮山门附近最多的就是机纺老板。不过这些应该是杜传富听别人说的，但却留在了他的记忆里。在他懂事的年纪，都锦生在艮山门的丝织厂早已烟消云散，都锦生本人也早已因病去世，杜传富的爷爷和都锦生交好，这些事情可能是他说给小杜传富听的。

从1940年开始，茶馆里开始说大书，大书也就是后来被叫作评话的表演艺术。

所以，杜传富一出生，就像是沉浸在说书的潮水中，不知不觉地被这种表演艺术所熏陶。到了懂事一点的时候，满怀对世界的向往和探索的欲望，他就坐在高脚凳上一脸认真地听说书。

我们可以想象一下这样的场景，那些说书先生抑扬顿挫的声音里，有着一个孩子对世界的认知。

到了1956年，茶馆有了三位说书先生，一位是说《金台传》的华永奎，一位是说《大明英烈传》的蒋有林，还有一位是说《八美图》的来锦贤。

长兴圆茶店的说书，一直持续到"文革"前。

好的故事不仅吸引孩子，对成年人同样具有巨大的吸引力：那些喜怒哀乐，那些忠孝节义……说书先生晚上七点才开讲，可往往在傍晚六点不到，茶馆已座无虚席。

每天的两个小时，或惊心动魄或曲折离奇，成了杜传富童年最快乐与最期待的时光。

说《金台传》的华永奎，和杜传富最熟，还差点结了师徒缘。

"他每晚说书会提前十五到二十分钟来，润润喉，就开始考我，问，昨天说到哪里啦？""我一向记性好，每次都能背得八九不离十，反倒惊到了华先生。他很高兴，夸我有灵气，是这块料！"

而当时杜传富最为得意的是他说书给亲戚或小伙伴们听，绘声绘色的表演让他大受欢迎。初生牛犊不怕虎。

然而，世事总归不能尽如人意，后来杜传富的父亲生病，杜传富的大哥在部队当兵，二哥当了火车押运员，十一岁的杜传富，在小学二年级时辍学，挑起了照顾父亲的担子。

二

在此后很多年里，杜传富在艮山门发电厂等多家企业辗转打工维生，最后成为杭州水陆装卸站的员工，装卸站后来并入杭州第三运输公司（之后归于杭州长运公司）。直到2004年，他才退休。

虽然杜传富具备语言表演艺术的天赋，但在此后很多年的时间里，他就像是一块被闲置的土地，直到人生的春天。他的这颗迟迟没有发芽的表演艺术天赋的种子在2010年里发了芽。

2010年的春天，杭州电视台西湖明珠频道的游走字幕打出了一行字：小热昏传人周志华免费招收学生，传承小热昏技艺。

杜传富的妻子周华玲很兴奋，但杜传富觉得这可能只是说说而已，哪里会有那么好的事情！学生名单可能早就定下来了。

对于小热昏，杜传富很熟悉，是广泛流行于江浙沪一带的谐谑曲艺形式，俗称"卖梨膏糖的"，又名"小锣书"，说唱的时候要敲锣。2006年5月20日，杭州小热昏经国务院批准列入第一批国家级非物质文化遗产名录。

也许下意识地，杜传富觉得自己已经远离了这种他曾经喜欢的表演。

周华玲偷偷地去报了名，不过不是为杜传富，而是为儿子杜敬文。也许是基因遗传，也许是言传身教，在大学工作的杜敬文也喜欢小热昏。杜传富对此不以为然，觉得不可能成功。

但没有想到的是，就在报名的当天下午，家里的电话铃响了，一个消息让周华玲眉飞色舞：杜敬文被周志华录取了。

儿子被录取当然是件好事，杜传富对此感到欣慰。同时，这件事也勾起了他多年潜藏在心中的愿望。于是，在儿子学艺的这段时间里，他在儿子到家的时候探问，在儿子练习的时候"偷拳"，自己偷偷地练上了。

小热昏艺人学艺，最重要的是敲好锣。敲锣是小热昏表演的基础，锣声铿锵，小热昏也就学会了一半。"嘚喤嘚嘚喤"，这是敲锣的基本功，杜传富在小热昏表演开始前总要吆喝两声，等观众围满了，才是好戏开始之时。而学敲锣也是要看天分的，有的人怎么教也教不会，而聪明点儿的一学就会了。

杜传富的左手食指上吊着小锣，其他手指有节奏地抓放，右手用三巧板敲出不一样的锣声。他的这份天赋还产生过"误会"。

有一天杜敬文下班回家，远远地听到清脆的锣声，心里动了下：师傅来家访了？回到家，除了杜传富并无旁人。杜敬文很惊讶，问："爸，刚才是你在敲？"得到肯定的回答后，他大吃一惊，自己父亲的天赋毋庸置疑。于是在后来的某一天，他带着父亲去拜见师傅，父子俩同列于周志华名下。

2013 年 4 月 21 日，这一天让杜传富刻骨铭心。

在接近七十岁的年纪，他的人生因为热爱而改变，就像后来在大运河庙会上，他用幽默诙谐的杭州话讲了一段京杭大运河的故事，吸引了不少游人驻足欣赏，他意识到自己能够用小热昏推广传统文化，这既是偶然，也符合他个性发展的特点。

拜师周志华后，杜传富没有缺过一堂课。在师傅的鼓励下，他时常参与演出，从开始的羞怯到后来渐渐地自如起来。

那个曾经存在于他内心深处的男孩回来了。

三

正是出于热爱，出于将小热昏这种曲艺形式推广下去的责任感,杜传富在白纸上画格子写铅字,自创小热昏段子,并将桥西的历史文化故事分章节记录。每章的稿纸就有十几页,基本上是先记录一遍历史故事,再接上自创的段子。

"尊敬老人,孝敬父母,读书用功,热爱小热昏。"开始收徒的杜传富说。小热昏需要保护和传承,要从小孩抓起,而这四条正是他收弟子的条件,因为自己学出了名堂,所以就有人请杜传富去给孩子们上课。

杜传富教孩子有自己的一套,他从每个班里挑八名敲得好、唱得好的学生,让他们去教其他孩子。"毕竟我年纪大了,他们在我面前会拘束,让同伴教学反而更有效一些。"

在杜传富看来,孩子学小热昏并不一定要出人头地,也不一定要成为文化传承人。这就是热爱,就是一种生活的方式。

在听杜传富说书的听众眼中,他完全是"行走的故事书",是一座故事的宝库。在听众的赞扬声里,他想到了幼时让他魂牵梦萦的故事,但这些故事仿佛在时光中遗失,现在已经很少听闻。这让他萌生了一个念头:把幼时口口相传而如今几乎失传的故事整理出来。

流水西苑社区,曾经的长兴圆茶店所在地,成立了一个小桥流水文化公馆,每周三是杜传富"讲故事"的时间。

杜传富的故事，让大家听得拍案叫绝。有人问他："老杜，这你都从哪儿听来的，太有意思了，还有没有啊？"

时光流转，故事和他童年时的场景相互交织。

在阳台的"创作台"前，杜传富一坐就是大半天。从起初的落笔艰涩到渐渐文思泉涌，每一个故事，他都要反复回忆细节，一遍遍地修改，直到自己满意为止。

那时候从说书先生处听来的，那时候茶客们口中的各种趣闻轶事……像是种子落到了杜传富的心田中，在几十年后开始破土而出。

望佛桥、坝子桥、阿唐嫂、白莲花池、苏州名医叶天士、聚宝盆物归原主、徐文长吃白食……老故事像运河水一样汩汩流淌着。杜传富对电脑不熟悉，他的故事，是一个字一个字写出来的。就像小时候做作业一样，他攒了厚厚一沓手稿。

杜传富甚至有个念想，把这些老故事改编成话剧，通过话剧的形式表演给更多的人看。

在杜传富的家中随处可见小热昏的重要道具——锣。每一面锣都有自己的故事，杜传富能清楚地记得每面锣的音色，新锣的声音脆而喑晰，而七八十年的老锣声则悠远绵长。一场小热昏下来，像杜传富这样行头足的得换好几面锣。

这些锣是杜传富称手的道具，他跑过福建的铜锣厂，也泡过古董市场。最喜欢的两面锣，是杜传富从山西的古董市场里搜到的。

杜传富家卧室的门上并排挂着九面半个巴掌大的迷你锣，是给幼儿园的伢儿们练习用的。在迷你锣后面的架子上，挂着五面大锣，敲出声来余音袅袅。

这像是一种传承。

人到老年，童年时的执着浮现，但有着时间的智慧，就像杜传富所说："我有个规矩，我的锣不借、不卖、不送，因为好的锣能用一辈子。"

锣就是人，一敲响就是有趣的人生。

老药工的六神丸与巧克力

傅炜如

这是一个安静的午后，游客不多，夏季的一场雨冲刷了前些天的燥热，这个晚清庭院过滤了外边街坊的嘈杂声。老药工挽了挽袖子，开始向我展示泛丸技艺，时不时用低沉的声音，一句搭一句地向我讲述他当药工的故事。

一

丁光明从生产线上退了下来，走进了大井巷胡庆余堂的中药博物馆。

我们约见面的地点就在这。刚踏入圆形拱门，正要往前厅走去，一个声音把我引向前："丁师傅已经到了。"丁光明穿着一件白大褂，手里拎着蓝色暖瓶。见我来了，他从打水的半路折了回来，带着我穿梭在博物馆的连廊中。他的步伐沉稳矫健，虽肩背微微有些佝偻，但不影响他的挺拔。快速的步伐没能留个间隙让我正式打声招呼。

丁光明，在胡庆余堂做了近六十年工的老药工，是手工泛丸技艺的传承者。最难制作的六神丸对他来说信手拈来。他从厂里退休后，便来到中药博物馆，一边带徒弟一边向游客展示这项药丸制作绝活，徒弟们和游客都尊称他为丁老。丁光明七十多岁的年纪，实际看起来还要年轻几岁。他中等个头，戴着眼镜，镜片下微眯的眼、光亮的脑袋显得很有精神。

穿过两侧回廊，他带我来到手工作坊。这里是位于东北侧的一间制丸展示室。丁光明挪来椅子，张罗着让我坐。他脱下白褂，露出一身藏青色的中式布衫，站在那像是一棵峻拔的松树。

丁光明爱吃糖，从他的桌上就能看出来，桌上放了好些大大小小的糖罐。

制丸展示室不大，两张大桌子占据了大部分空间，桌上放着泛丸工具。后边是个竹架，摆着各种圆形竹匾，左侧是一个木质柜子。再往里是一个老式矮柜，这是丁光明的办公桌，上面搁着茶杯、水壶及他喜欢的巧克力、话梅。这个私人小角落像是被他细心拾掇过，和谐地融入这个工作空间。这里时不时有游客来访，闲暇的大部分时候，他就对着矮柜静静地坐在藤椅上。

徒弟进来，接过他的水壶，丁光明突然想到什么，用手指向门外，声音有些急切："虾儿，去把虾儿拿出来，乌龟好几天没吃饭了，该喂了。”

二

这是一个安静的午后，游客不多，夏季的一场雨冲刷了前些天的燥热，这个晚清庭院过滤了外边街坊的嘈杂声。老药工挽了挽袖子，开始向我展示泛丸技艺，时不时用低沉的声音，一句搭一句地向我讲述他当药工的故事。

工欲善其事，必先利其器。

开工前，丁光明细细地抚摩着面前上了年纪的泛丸匾，像是在问候自己的老战友，他表情严肃且庄重，手指依次划过竹匾上的补丁。这位陪他身经百战的伙计如今依然平整细密，用水浇之亦滴水不漏。旁边用来刷水于竹匾的筅帚也很有讲究，要想在匾上均匀上水，筅帚必须有韧劲，一般由两年以上的冬竹编制而成。第三样利器是竹筛，出自篾匠巧手，用来控制药丸匀度，筛孔必须等大等距才符合要求。

起模。

让药粉变药丸，起模是最如履薄冰的一步。丁光明摇晃着被水润透的竹匾，将药粉均匀撒上，双手紧握竹匾，方寸之间来回旋转，控制两手间的力度，调整气息，细粉飞散。

他时而放下竹匾，眉头微蹙，用沾上水的笺帚将竹匾底部润湿，权衡水与粉之间细入纤毫的微妙关系。对普通的师傅来说，起模总是要精心称量，但对丁光明来说，分寸拿捏早已熟稔于心。当看见药粉像沙砾一般时，他的眉头舒展开了。

1966年夏至，江南还沉浸在漫长的梅雨季中，只待伏天的高温驱走绵绵不绝的雨水。那天，十七岁的丁光明走进了胡庆余堂。这个懵懂的少年并不知道来这做什么，只知道这边缺个伙计，他是满怀感激的。那个年代，进了胡庆余堂就相当于拿到了铁饭碗，比起每天起早贪黑干好几份工舒服多了。

丁光明并没有中医学识，从小书读的不多，但他的长处在于实在，肯吃苦。"我父母那辈从绍兴来到杭州，家里穷啊，我从小就出来干活赚钱了。"最早他在街上的工厂打零工，活多钱少，这些钱补贴家用杯水车薪。然而，厂里领导觉得这个小伙子不错，便举荐了他。

胡庆余堂的传统，丁光明有所耳闻，旧时一年只招一至三名学徒，老师傅收徒，层层把关，考察的不只是技术还有为人处世的人品。他从未想过自己能成为老师傅的门生，毕竟能进当时的国营单位对他而言像是天上掉了一张饼，够他吃一辈子了。可没想到，他这个不起眼的小伙子竟成了胡庆余堂两个组师傅争抢的对象。

刚进粉碎组的第一年，他忙里忙外，每天像个陀螺似的各处转，慢慢地成了同事们口中随叫随到的"小丁"。角落里有散落的零钱，他收起来；桌角有倒下的拖把，他扶起来……他把车间的散活都装进了眼中。研磨芝麻、晒药等小事磨炼着他的心性，师傅也暗自观察着他的待人接物。

隔壁制丸组组长过来交流，他早就注意到这个"小鬼"，想把他"抢"到制丸组去。粉碎组组长舍不得，自己看中的徒弟，还没开始教技术活就要被挖走了，但他也真心喜欢这个年轻人。

说到这，丁光明笑呵呵地，"师傅们都喜欢叫我干活嘛"，他眯着的眼睛张开了些许，"后来组长把我叫过去，光明啊，我不舍得让你去，但制丸组的工作技术性更强，你能学到真正的中药制剂技术。我不留你了，好好干"。

丁光明被"提拔"进了核心的丸剂车间，成了正儿八经的学徒工。原以为一进去便能得到师傅的真传，可他每天的工作除了送丸药，便是给车间的同事打下手，这跟在粉碎组的工作没差嘛。他有些失落，倒也没吭声。脑袋瓜一转，"偷师学艺"，白天闲暇时他观察师傅们的泛丸步骤和手法，干活时耳朵竖着，留心听几句泛丸要领。夜里师傅们下了班，他把白天看到的动作偷偷练几遍。

师傅张永浩看在眼里，不说一句。有一天，他把丁光明叫来："你可以开始学泛丸了。"两年了，终于等到了这一刻。

泛制。

药丸在竹匾上有力跳跃，唰唰的声音干脆紧凑。泛丸要比起模耗费更大的力气，也是最耗时的环节。丁光明神色专注，双臂来回旋转着竹匾，药丸起起落落，像一个个充满生命力的精灵，在他的手中孕育生长。院内更静了，只听精灵们在竹匾上欢呼雀跃。丁光明持续施展"魔法"，极稳地控制着每一粒药丸，聚散在他的一念之间。逐渐成形的药丸被无形的力量牵引，始终逃不出竹匾的方寸之地，在回旋中愈显圆润。

在与药丸的默契配合中，这位老药工修行了近六十年，积累了深厚的功力。

丁光明二十岁时正式上手做泛丸，就做得有模有样，娴熟程度赶超其他学徒，胡庆余堂的师傅们争抢着要教他，把从不外传的技艺传授给他，惹得旁人眼红。但只有他心里清楚，这些本领都是他吃苦吃出来的，学徒工起早贪黑，投入大量时间和精力，天天如此。用师傅的话说，学徒不吃苦，能知道中药是怎么回事?

丁光明先后师从王利川、张永浩、沈光释三位师傅学习细料、大料、大颗丸和微丸的制作。勤学和悟性让丁光明脱颖而出,他的技艺日益精湛。他每日在车间的黑板上写下要制作的丸剂的种类,大的有神犀丹,小的有六神丸。他沉下心来,一种种学,一种种练。

泛制药丸讲究的是技术,考验的是性子,虽说是制药,丁光明觉得这个过程融入了人的品性,抱着什么样的心态,就会呈现什么样的药丸。制丸药不是搓泥丸,哪能那么简单。"做药,不论大小丸,颗颗都要是良心药。"

丁光明与我说到六神丸,嘴角有藏不住的得意,他说:"六神丸最小,最难做。它里面含有麝香、冰片等六味中药,在制作中必须经过五道工艺,成丸直径仅两毫米左右,丸药之间不能粘连,还得颗粒均匀。一公斤药大约四十万颗,每三十颗药装一瓶。大的药丸每公斤只做三百三十三颗。"当初为了达到这个标准,丁光明跟自己轴上了,日日苦练,硬是要把丸药做得和师傅的一模一样。

他起身,打开旁侧木质柜子的门,在里面翻找,拿出一个细长的透明小罐给我,里面装的就是小小的六神丸。"这个是我一九九几年做的，时间久了不如以前有光泽了，送你留作纪念。"

丁光明总说自己是幸运的，在他之前有些学徒难以出师，他不仅师出胡庆余堂"三丁甲"的三位师傅，还摸索出了许多新路子。比如说，通常制作丸剂时，一公斤的药粉需要一个小时才能完工。丁光明是个会动脑子的人，他总结经验后摸索出了更快的方法，"最快四十五分钟能做好"。再比如，珍珠粉的成分中含有氨基酸，遇高温容易腐化发生菌染，原本只能在三九严寒之时制作珍珠粉，他反复摸索后，提出了制粉时加入低度酒精的办法，解决了珍珠粉季节生产局限性的问题。1992年这项技术还被官方认证，命名为"丁光明针晶粉碎法"。

筛选。

见竹匾中的药丸逐渐成了型，丁光明的竹筛派上了用场。他右手握竹匾，左手拿竹筛，手用力一抖，药丸齐刷刷地跳到了筛上，竟一颗不落。他持续抖动着手臂，药丸顺着竹筛孔一粒粒落下，这声音像是林间密雨打在芭蕉叶上，有一种让人着迷的畅快感。在一次次筛选中，合格的药丸被留了下来。

制药进入了收尾阶段，丁光明手上的动作变得熟练。他在竹匾上撒了点药粉，旋转几次后结束了泛丸，制成的丸剂呈现出亚光质地，丁光明小心翼翼地将它们收入药罐。

三

胡庆余堂内有块大名鼎鼎的匾"戒欺"，是光绪四年（1878）胡雪岩亲笔跋文，它面朝店内，专给自家员工看。匾曰：

> 凡百贸易均着不得欺字，药业关系性命尤为万不可欺。余存心济世，誓不以劣品弋取厚利，唯愿诸君心余之心。采办务真，修制务精，不至欺予以欺世人……

说起来也有缘分，丁光明实在稳重的性子与这个店训不谋而合。在每天的学艺中，"戒欺"两个字也从师傅们的口中流到了他的心中。

在学做丸剂前，师傅曾让丁光明熬制作为黏合剂的阿胶，算是对他的磨炼。熬胶需要不停搅拌，火候掌握也要拿捏到位。有年夏天，丁光明守在阿胶锅前，汗水止不住从额头上往下落，流进眼睛咸得疼。眯眼的工夫，师傅站在了他身旁，正凑近看着锅里的阿胶，闻了闻味道，搅了搅，说："煳了，底煳了。"留下丁光明在原地不知所措，等着被师傅劈头盖脸一顿骂。师傅回来时手里提着药材，他自掏腰包根据顾客的方子重新抓了一副，交代丁光明把熬煳的膏方倒掉，重新熬。"收膏太薄容易变质，不利于贮存，太老要结焦破坏，膏收不好经冷藏凝固容易发霉变质……"丁光明不敢怠慢，将师傅一句句的嘱托牢牢记着。

宅院里的时光走得慢，五十多年过去了，外面的天地瞬息万变，院内似乎没什么变化。当年的年轻小伙子如今也成了带徒子徒孙的大师傅。

丁光明有些累了，他在面前的杯子里添了点茶水，靠在藤椅上微眯着眼。他半起身，选了一个零嘴罐，打开盖子，取出两颗巧克力，一颗放到我手里，另一颗剥掉糖纸，塞进自己嘴巴里。

"你尝一颗，说话久了嘴巴里润润，味道蛮好的。"

他嚼着巧克力，嘴里有一句没一句地跟我搭着话，这一刻，这位严谨的老人脸上流露出了些许孩子气。

我与他谈到收徒之事，丁光明拿出手机喊他徒弟："呼叫毛满丰，呼叫毛满丰。"

胡庆余堂如今仍保留着一套严格的拜师收徒的流程。按照规定，敬了茶，磕过头，正式拜在师傅名下后，才有资格说是师傅的徒弟，这是对匠师的敬畏。许多徒弟结婚时都请师傅做证婚人，丁光明在师傅的见证下成了家，后来夫人也进入胡庆余堂包装组工作。

不一会儿，一个年轻的小伙子进来，他就是丁光明呼叫的徒弟。"师傅严厉，在工作上有什么失误都会直接骂我，他藏不住脾气。生活中倒是挺和善。"毛满丰与师傅相处，像是对待自家长辈，倒也不见外。

"师傅常说'修合无人见，存心有天知'。即使没有人监管，也不能违背良心，不能见利忘义。做药是别人看不到的，但我们得把这个事做踏实了，关系到性命的事容不得半点差错。"毛满丰说。

丁光明把师傅曾经带他的方法也用在了徒弟身上，这些方法都是胡庆余堂祖师爷一代代传下来的训规。他收徒，首先看人品："做人有偏差，我是不会同意收徒的。还要肯学，选药、制丸都需要凭经验，熟能生巧。"

凡事在丁光明心中都有一杆秤，一把年纪还是劳碌心，他对药材有自己的一套标准，若是自己上阵制作丸剂，他都会亲自查看药材，并监督炮制过程，"自己看到药材好，做药更放心"。

2010年，从厂里退下来后，丁光明自愿回到胡庆余堂国药号。

老伴身体不好住进了养老院，女儿忙着自己的工作和家庭。一个人在家冷清，丁光明觉得回到这也像回到了家，带带徒弟，向游客展示泛丸技艺，哪怕不要工资。

他从柜子里翻出一本笔记本，内页已微微泛黄，上面记着师傅传授的内容，也一笔笔记录着他彼时的心得。他略带遗憾地说："以前很多丸剂的制作方法都记在车间的黑板上，后来丸剂的种类逐渐减少，有些制作方法已经失传了。"

如今胡庆余堂丸剂制作的机械化水平很高，但最小只能做出直径三毫米的丸剂，再小尺寸的就只能靠人工了。丁光明总能一眼辨认出哪些是机器做的丸剂，在他心里，只有经过自己手和眼的丸剂，做出来才有温度。

四

丁光明看了眼手腕上智能表显示的时间，对我说："带你看看博物馆吧。现在这里都变了样。"

他起身朝外走，回过头再次叮嘱徒弟："去看看虾儿拿出来没有，乌龟饿了。"

他的手触摸着博物馆内的木质门窗，从连廊向内望去，已然是不一样的情景。他嘴里念叨着："以前这里是第一车间，那里是包装组……你看这，新砌了墙，以前是一排窗户，透气得很……"与其说他在对我说，倒不如说是在给自己讲述，老人的回忆总是甜的，像他含在嘴里的巧克力。

从手工作坊出来，跨过两扇门，是带着天井的小院。在一处假山池塘中，我见到了丁光明念叨的乌龟。"小黑小黑，吃饭了。"他把自己买的虾肉丢到水里，乌龟从岩板底下现身，脖子像弹簧似的伸出，吃完了立马缩回去。丁光明哈哈大笑："小东西很聪明嘞。"

采访结束，我跟丁光明告了别。走到连廊处回头望，他坐在藤椅上，穿着的白色大褂在灯光下泛着光。这个画面被门框定格，他坐在里头，像是驻守着时光的老人。

我回到了行人如织的河坊街，摊开手掌，是丁光明给我的一颗巧克力和一罐20世纪90年代的六神丸。

渔场有个猫老大

许志华

天很蓝很蓝，很蓝很蓝的天上有三道红霞；风很清凉，很清凉的风吹过树影倒映的静谧的鱼塘。当长安沙的白鹭还在远处池塘的岸坎上打盹，穿着下水裤、头发湿漉漉的猫人已经像往常一样在院子里分拣放地笼得来的渔获了。

白露时节，暑热渐消。傍晚，我和摄影师老祝从吴家村过渡口，来到长安沙猫人的渔场夜钓，结果这一钓钓到了晨光熹微的次日清早。

　　有关那日清早的记忆让我印象深刻：天很蓝很蓝，很蓝很蓝的天上有三道红霞；风很清凉，很清凉的风吹过树影倒映的静谧的鱼塘。当长安沙的白鹭还在远处池塘的岸坎上打盹，穿着下水裤、头发湿漉漉的猫人已经像往常一样在院子里分拣放地笼得来的渔获了。

　　只见他从鱼筐里随手抓起一条鱼，看也不看，就将它往身后两三米外的一只大桶里扔去，只听一个扑通，那条鱼不偏不倚地落进桶内……那天，鱼筐里还有一只青背尖爪、裙边拖地的野生甲鱼，喜欢搞怪的老祝让猫人将甲鱼托在手上，说给他拍一张照，等拍完照，又是一个扑通，那只张牙舞爪的甲鱼已经被扔进专门放甲鱼的桶里了。

一

鱼老大猫人，本名周金玉，"50后"，猫人是他的小名，在本地方言中，猫人说起来很像毛宁，大家叫来叫去就成毛宁了。旧辰光里，因为怕孩子夭折，农村的父母会给刚出生的婴儿取个阿猫、阿狗的小名，寄望小孩像命硬的猫狗一样平安活在世上。或许是取了"猫人"这个小名的缘故，周金玉自小野蛮生长，争强好胜，遇难不避不畏，就像一个拥有九条命的人。

猫人从小就硬挣（方言，强硬有力）。十四岁，他成了石矿里的一名小工，一手榔头一手凿子，将矿里的废石敲成四六八子，这样做一天可挣一元四角。十六岁那年，硬挣的他在运石头的拖拉机上做装卸工，再后来，他跟着村里的壮劳力去城里挖了几年防空洞。

猫人成为鱼老大，一半是抗美援朝回来后在石矿里做个小头头的父亲的安排，一半其实是他这辈子的命。你说名字里有"猫"字的人怎么离得开鱼呢？更何况他的水性实在好极了。

和你讲个猫人在西湖渔场纤网队期间的故事。1981年11月某日上午九点来钟，猫人所在的纤网队摇着一大一小两条船去里张磐头的深潭捕鱼。起初，下网很顺利，但在两队人向岸上拖网的时候，纤网怎么拉也拉不动，碰到这种情况，大家的第一反应是纤网被水底的某个东西钩住了。于是船老大华吾生点兵点将，派水性最好的徒弟潜入深潭解网。前面两个人都无功而返，轮到猫人，他咕咚咕咚地喝下半瓶烧酒，然后深吸一口气跳下船去。

在水下，他摸索着被钩住的纤网，一直下潜了约十米，这已经接近深潭的底部了。11月的江水寒冷刺骨。猫人立刻受到了水底乱流带来的巨大拉扯力，加上浮力的作用，他的身体像被大风吹得东摇西摆一般，被水压冲击的耳朵里传来一阵阵难忍的剧痛。好不容易摸到网被埋入泥沙的树桩根部钩住的地方，为了将缠住的网拉出来，猫人尝试了各种角度，终于在最后一刻，不愿放弃的他成功地将网拉扯出来。

等猫人浮出水面时，他的全身已冻得乌紫。他不知道自己在水下扯网的时间已经久到把整个纤网队的人吓坏了，大家都以为他凶多吉少。比如那个凶神恶煞的船老大华吾生，见他迟迟没有浮出水面，一边用双手拍着大腿，一边哭了起来："今早闯祸哒！今早闯祸哒！"

事后，猫人才知道自己在这么冷的深潭里竟足足待了两分二十秒。因为这一次潜水解网立了大功，猫人的硬挣得到了大家的肯定。到年底，他如愿以偿地评上了"先进"，又过了一年，大字不识的他被渔场领导提拔为纤网队副队长。

1982年，西湖渔场解散，猫人带着媳妇去长安沙的周浦渔场北片包了二十三亩鱼塘。两间石棉瓦盖顶的小平房一搭，几支南瓜藤往门前的木架上一爬，有事没事再往风声、雨声里灌几两几钱鸡鸭，鸭叫狗吠，就是他们简陋又温馨的家。许多年以后，猫人还记得，也是天气渐凉的9月，一位画水彩画的画家，走近他的鱼塘，给正在喂鱼的他和他的小院各画了一幅画。在画家笔下，白鹭和鱼儿欢腾吃食的鱼塘，以及南瓜架上垂着的老南瓜，南瓜架下有一群鸡鸭奔跑的小院，实在是太美了。

二

画家笔下的原生态鱼塘是很美，但画家未必晓得，在长安沙养鱼有多苦。

那时节，猫人夫妇的一天基本是这样度过的。早上五六点起床，洗把脸后去长安沙东头的麻雕沙割草。上午十点半，肚子饿得咕咕叫的两人再拉着一车像小山似的草回到鱼塘，一去一来十里路。割草回来，随便弄点东西吃下，两人就去各个塘里喂草鱼，等草鱼喂好已是中午。下午两人也没有空闲，要修水泵，修塘坎，翻地种菜，天天从早忙到晚。一到夏天，喜欢赤膊干活的猫人就被晒成了一粒黑炭，而到了晚上，连电扇都没有的房子里又闷又热，夫妻俩有时只好弄顶帐子睡露天。

猫人说，平常吃啥苦都不怕，就怕5—8月鱼翻塘。那些天气燠热的日子，从早到晚，所有的小水泵都用上了，一刻不停地给鱼塘里那些浮头鱼冲水增氧，也怨不得电费贵了。最麻烦的是突然停电，真是直叫皇天。实在没办法可想了，夫妻俩只好将房子的一扇门板拆下来，跳到缺氧的池塘里一刻不停地"抬门板"。水中抬起放下的门板周围挤满了扒嘴的鱼，一旦动作停止，缺氧的鱼立即就会翻白一大片。有时候，夫妻俩在水里一站就是一夜。

头些年创业太难了。除了交通不便、设备落伍、鱼饲料差，还有一个不得不提的难处就是渔场建在生活资源极度匮乏的岛上，岛上的居民有时候也顾不得了，三天两头来鱼塘里偷鱼，到了夜里猫人就像猫一样，不睡觉。到了清塘捕鱼的腊月，几十上百个"打秋风"的人便拿着各种渔具不请自来围在塘边，下过一网后，剩下的鱼都要归他们，如果不服就要挨打。

那些年渔场的承包户基本都被打过，一个个被打怕打跑了，只有猫人像块石头一样硬，即使被打成重伤，也不肯向人低头，该打的架照打，该受的伤照受，让打人的人也渐渐心生佩服。猫人说，每次受伤住院回来，喝两碗土烧，吃一只肚包鸡就又没事了。

猫人做人硬挣，不仅是骨头硬，还有更重要的一点，是他的养鱼技术比他拜过的三个菱湖来的师傅还要好！

在长安沙的养鱼人中，猫人是第一个吃螃蟹的人，1995年，由他发明的黑鱼网箱养殖法大获成功，平均每亩鱼塘盈利超两万元，相当于前两年整个渔场每年的收入。猫人当年是怎么养黑鱼的？原来他找到了一条免费获取优质饲料的秘密途径。

在养黑鱼的日子里，他每天带着一把小扳罾，义务帮周围几个渔场的承包户清除抢食鱼饲料的小杂鱼。他将这些小杂鱼和低价购买的鲢鱼肉切碎，投喂黑鱼。充足的活食喂养，黑鱼不仅长得快而且肉质鲜美。为了防止黑鱼大吃小，每隔一周，猫人要将长得快与长得慢的黑鱼分放进不同的网箱饲养，这样大大地提高了黑鱼的存活率和产量。由于黑鱼养得好，他曾连续两年被评为西湖区养鱼能手。此后，大字不识几个的猫人被荐为渔场的场长，在后来的渔场转制中承包下了全部的水面。

硬挣的猫人，在将近四十年的养鱼生涯中，经历过许多挫折，但每次跌倒后又都艰难地爬起来。就拿1998年特大洪灾来说吧，猫人一想起来仍心有余悸。7月初，由于遭遇连续不断的强降雨，钱塘江中下游各地区的水位大大超过了警戒线，而堤塘长期得不到加固的长安沙面临的情况更为严峻。在发生坍塘的7月9日前，北岸的钱塘人和岛上人在南北两条塘上已抗洪好几天了，当时南塘已经出现险情，岛上人运来一船船沙子，在有经验的老师傅们的指挥下，用羌簟和沙子组合加固发生渗涌的堤塘。堵渗涌极其危险，水性好的人下水前都得在身上绑上绳子，而以岛为家的猫人，就是冲在最前面的一名"敢死队员"。

7月9日下午三点四十分左右，随着一片惊呼，由小叔房村人把守的北塘一段塌了，五点二十分左右，由岛上人把守的南塘也被高涨的洪水冲出两个一百多米的决口。五点三十二分左右，如野马脱缰的两股洪水在猫人的四号塘里兜头交汇，刹那间，四号塘上空腾起一根十多米高的水柱，在直冲而上的水柱里，无数条白花花的鱼如火箭般飞蹿，在空中甩尾腾跃。见到自己几十年的心血瞬间毁于一旦，前几个小时还在拼死堵渗涌且透尽了体力的猫人终于顶不住了，眼前一黑晕了过去。大水退后，渔场一片狼藉，几万斤用作饲料的大麦泡烂了，冰箱漂到了房顶上，鱼塘里的黑鱼和其他鱼全逃光了。损失七七八八加起来有一百多万元，猫人几十年辛辛苦苦攒的家底全没了。

那段时间里的猫人真是有点灰心丧气。好在镇政府给予了扶助，免去了之后三年的承包费。1998年春节后，做人硬气、死不捣蛋的猫人拿着从亲戚、朋友那里借来的本钱，元气满满地杀回渔场。为了节约成本，他将渔场下片的一百多亩塘交给诸暨人，以塘入股养起了珍珠，而将上片一百多亩塘规划为普通鱼塘和垂钓塘，又购进了一批增氧泵和其他设备，继续他的养鱼大业，还搭棚养起了鸡鸭。

硬挣的人总有苦尽甘来的时候，得益于长安沙休闲垂钓业的快速崛起，2000年后，拥有三百亩优质水面的猫人家成了长安沙最好的垂钓场，方便钓鱼人吃饭的农家乐也顺势红红火火地开了起来。自家种的青菜萝卜莲藕茭白，自家养的鸡鸭鳊白鲈鱼甲鱼，自家做的青鱼干酱鱼干酱鸭，自家酿的高粱土烧，加上猫人嫂的一手好厨艺，猫人的渔场成了客人去了又去的休闲乐园。

猫人说："七八月因为天太热，是垂钓的淡季。高秋（白露）一过，天凉起来，自己就要忙了。顶忙顶忙的辰光，车子都没地方停，每天中午一到吃饭时间，所有的桌子都坐得满满当当。生意好是好，但你阿嫂太辛苦了，幸亏孝顺的女儿经常过来帮忙。"

还记得那天清早，我们收起钓竿称好鱼后，是在猫人家吃的早饭：烧得很稠的粥配咸淡刚好的腌鱼干，还有早上摘的糯玉米。一顿简简单单的早饭，让老祝赞不绝口：猫人家的东西真好吃，粥好，鱼干好，玉米好。

我说："你还没吃过猫人亲自烧的鱼嘞，猫人烧的鱼那真叫好吃，还有他自酿的高粱烧十年陈，也应该尝尝……"号称半个美食家的老祝馋得连声说："下猫（下次）再来，下猫（下次）再来！"

秋分

一勺清甜抵过一万句"多喝热水"

张小末

"山寺月中寻桂子，郡亭枕上看潮头。"

桂花的香里其实透着甜。

我喜欢的一个香薰品牌选了四座城市做了"中国甜"系列产品，其中"杭州甜"系列产品的香气中便有满觉陇的桂花香，文案上写着"不时飘来满陇桂子香甜，依依袅袅复青青"，这是让人很难不心动的情景了。

沈荣燕，一个以制造甜蜜为事业的人。她的故事需要从一个遍地种植着桂花树的村子说起。

一

"山寺月中寻桂子，郡亭枕上看潮头。"

杭州栽种桂花树的历史细数起来已有千年。传说在唐代，有一年中秋之夜，皓月当空，灵隐寺的德明和尚惊觉有雨声在耳边响起。他开门一看，只见皎洁的月亮里落下无数金黄颗粒，德明和尚深觉惊奇，认为是冥冥天意，便上山拾了满满一兜。

德明和尚把此事详细地告诉了师父智一长老，师父仔细一看便道："这可能是月宫里吴刚砍桂树时掉落的桂子。"于是，他们把拾来的小颗粒种在了寺前庙后的山坡上。到了第二年中秋节，此前种下的桂子长成桂花树，桂花树长得又高又大，开满了芳香四溢的各色桂花。

这一直都是属于杭州的树啊，终年常绿，枝繁叶茂，至秋季，给了杭州人第一缕香。只有桂花，即使在盛开之际，感知肯定是嗅觉先于视觉。我们无意中嗅到了那缕香气，而后四下仔细找寻，她那么细碎密集，温润低调，如同一场江南的绮梦。这香气藏于叶间，慢慢附着于衣衫，再慢慢渗入肌理，一如这座城市的气质。

杭州人对桂花的热爱，在于给予了她盛大的仪式感。

1983年，桂花正式被选为杭州市花。也因如此，在杭州城内，无论是植物园、九溪、花圃、虎跑公园、玉皇山等大小公园，还是各个小区、街巷，处处皆有桂花树。植物园内更有一株高达十余米、直径超过一米的硬叶丹桂，它在1994

年被评定为"丹桂王",这顶王冠延续至今。

赏桂之处最负盛名的,当属自1985年被评为新西湖十景之一的"满陇桂雨"。郁达夫在《杭州的八月》一文中写道:

> 而满觉陇南高峰翁家山一带的桂花,更开得来香气醉人。八月之名桂月,要身入到满觉陇去过一次后,才领会得到这名字的相称。

满觉陇村仿佛是因桂花而生的地方。经年累月,满觉陇一带已经有七千多株桂花树,树龄最长的达两百余年。每到金秋时节,桂花竞相开放,香满空山,落英如雨,故得名"满陇桂雨"。

糖桂花的制作者——沈荣燕,家住下满觉陇108号。

满觉陇,亦称满陇、满家弄,地处杭州西湖以南,是南高峰南麓的一条山谷。五代后晋天福四年(939)建有圆兴院,北宋治平二年(1065)改为满觉院,满觉意为"圆满的觉悟",地因寺而得名。

明代以来,此地便是杭州城桂花最盛之处,明人高濂在《满家弄赏桂花》中写道:

桂花最盛处唯南山、龙井为多，而地名满家弄者，其林若墉若栉。一村以市花为业，各省取给于此。秋时，策蹇入山看花，从数里外便触清馥。入径，珠英琼树，香满空山，快赏幽深，恍入灵鹫金粟世界。

时间让许多事物发生了改变，但一些古老的痕迹被完好地保留了下来。那么多年过去了，满觉陇村的特产依旧是桂花与龙井茶。

二

我去拜访沈荣燕时，是5月的一个周末，初夏绿色渐深，行至她家，见独栋小楼，推铁门而入，院子里除了有桂花树，还置了一方小小的景，既有假山与秋千，也有独立的包房，看得出来，这里在旅游旺季应该颇受人欢迎。此刻，她与丈夫正忙着搅拌一大缸一大缸腌制中的咸桂花。院子里大约有十口大缸，每口大缸有一百公斤左右，旁边守着两条看家的狗。

"制作糖桂花的手艺，是我父亲传下来的，其实是个体力活。"沈荣燕于1965年出生，一头短发，中等身材，黑衣黑裤，快人快语，一见面就向我介绍了起来，而这门手艺的创始人就是坐在客厅里的沈智育老先生。

"这里的特产就是桂花，这里的家家户户都会做糖桂花，不过，每家每户做的都不一样。我们比较正规，2000年左右就成立了桂花加工有限公司，公司有质检证书，口碑一直很好。"据沈荣燕介绍，沈智育老先生今年已近九十岁，自十八岁起制作糖桂花。1958年，满觉陇村要办一家桂花加工厂，做得一手好糖桂花的沈老先生顺理成章地被任命为负责人，沈荣燕本人，也是在十七八岁时开始学习这门手艺的，从父亲手中接过传统糖桂花制作技术已有三十余载。

沈荣燕说，要制作好的糖桂花需要进行一系列工序，包括：打桂花、腌渍、挑拣、漂洗、拌砂糖（俗称搓桂花）。这些工序一个都不能少。至于沈家的手艺为何与其他人不一样，关键在于"腌渍"和"搓桂花"这两道工序。

每年桂花盛开时，便是打桂花的时节。身手矫健的人会爬到树上，抓住枝杈摇摇晃晃，一场桂花雨纷纷落下，经验丰富的人则手持竹竿，朝着树枝左右拍打，桂花便应声而落，这里有巧劲，打得轻了桂花不落，打得重了伤及枝叶，影响来年收成。这其实也是个技术活。

新鲜桂花打下来后，要将叶子、花梗去掉，是为初筛。

这是项考验眼神的工作。沈智育会从酒店里招聘大概十名有健康证的小时工，男工人五百元一天，女工人三百元一天。利用工余时间，大家一起在院子里埋头挑拣，只留下橙黄色的桂花。"我们的制作工艺都是纯手工的，主打的就是绿色无污染，所以食品的安全与卫生是首要条件"，沈荣燕反复向我强调这一点。

事实上，为沈氏糖桂花赢得市场与口碑的，也恰恰是这一份手艺人的信用和几十年的坚守。

"一百斤的桂花只能腌制二十斤"，糖桂花的腌渍最讲究，要早早地准备好梅子卤，这是制作糖桂花的重要一环。

梅子卤的做法也是沈老先生传下来的。每年四五月，先购买新鲜的青梅，然后支起大锅将青梅煮熟。待放凉后，手工去核，再用捣臼把青梅肉捣烂，准备好大缸，倒进青梅肉，按比例加盐、清水，拌匀之后，把大缸移到墙角，让其自然发酵两个月。

待到秋天，满觉陇一树一树的桂花盛开，大缸里已经是满缸酸掉牙的青梅汁了，这就真正地进入制作桂花系列食品的季节了。

新鲜桂花过筛后，只留下橙黄色的桂花，加入盐和梅子卤，搅拌均匀，用棕榈叶、竹片遮尘，再压上块大石头，密封后发酵半月取出。

腌制好的桂花尚存涩味，还需捞出来，放在竹匾里反复淘洗，把酸酸的青梅汁彻底冲洗干净，再沥干水分，把腌好的桂花倒进绵白糖里，用捣臼使狠劲地捣。

"搓桂花"则是个细致的力气活，一般摆一个大盆，五十斤白砂糖，加一定比例的腌桂花，用双手来回上下不停地搓，一般要搓三四十分钟，才能把桂花和糖充分融合，直到白糖变成像腌桂花一样的褐色，桂花再也看不到为止。这个工序，只能手工进行，而且必须搓透。搓好后，再晒干，就是糖桂花。

糖桂花的用途非常广泛，沈家多年来为各大食品制作商供应糖桂花。老底子杭州棒冰厂做的"三花牌"桂花赤豆棒冰、"五味和"的桂花蛋，以及杭州西湖酒厂的桂花酒，用的都是沈家的糖桂花。时值今日，沈家的糖桂花依旧供应给食品厂，院子里的一百桶糖桂花即将供应给天津麻花厂，也有来自香港的订单，早年还曾远销日本。

寻常人家，购买一瓶糖桂花，常见用途便是烧制红烧肉、红烧鱼，抑或是制作甜羹，甚至只是简单地用热水冲泡，便能一解嘴馋。我亲爱的叶美丽外婆制作家宴时，最喜欢烧一道水果甜羹，而为这道甜羹点睛的正是撒上去的一勺糖桂花。

如今，每年桂花盛开之时，满觉陇每家每户都会售卖热气腾腾的桂花栗子藕粉。途经此地，走得乏了，落座，热情的满觉陇人拿出一碗藕粉，开水冲泡搅拌渐至透明的羹状，撒上一勺新煮的栗子碎，再铺上一层糖桂花，一碗热气腾腾的桂花栗子羹就成了。

藕粉包裹着栗子碎，辅以糖桂花点缀，甜香层次分明，在嘴里化开，品尝一口让人回味无穷，"有一个小姑娘，看到我的报道之后，专程从下沙赶来品尝，又买了一些作为伴手礼送给亲戚好友，你等秋天来玩，我一定给你也做一碗"，沈家许多口口相传的老客户，就是这样积攒下来的。

三

除了糖桂花，沈荣燕又研制了桂花酱与桂花糖。

桂花酱一般用来做糕点，譬如桂花糕，也用以烧菜，比如杭州人爱吃的糯米藕、卤鸭等，当然也可以作为酱料，直接抹在吐司上食用。

那么，桂花糖与糖桂花有什么区别呢？糖桂花呈液体状，而桂花糖是在糖桂花的基础上，通过自然干燥的方式使其凝固。由于结晶的颗粒比较大，如方糖大小，故取名"桂花糖"。桂花糖可以作为小零食，也可以在品尝咖啡、奶茶时当方糖用，别有风味。

"这个糖不能嚼，要在嘴里含着，等糖慢慢地化了，满嘴都是桂花香，甜而不腻，"沈荣燕一边介绍，一边热情地招呼我品尝，桂花糖入口先是有点儿咸，继而有点儿青梅的酸，最后才是甜味，而桂花香将长久地停留在口腔里，口感层次确实很丰富，很难想象，这样一颗不太起眼且是土法制作的糖竟让人回味许久。

2006年，"满觉陇赏桂"民俗项目被列入杭州市第一批非物质文化遗产代表性项目；2011年，桂花糖、糖桂花、咸桂花等桂花食品制作技艺也被列入杭州市非物质文化遗产代表性项目；2015年，沈荣燕被评为杭州市非物质文化遗产代表性项目桂花食品制作技艺的代表性传承人。

"非遗"源于生活，但又如何适应如今快节奏的生活呢？只有融入，才能让这手工制作的桂花香传得更远。

如今，沈氏系列桂花产品注册了"沈大伯"品牌，依靠经年累月积攒的口碑，沈荣燕主要通过线下渠道进行销售，她的女儿则通过微信等平台开拓新的线上销售渠道。

沈荣燕对一切新鲜的事物都充满兴趣，我们兴致勃勃地聊起了如何给"沈大伯"这个品牌设计一个醒目的Logo，让人们看一眼就能记住；如何通过线上渠道让人们"种草"产生流量，从而转化为销售。

她说秋天来临，常常有年轻的女孩子被附近的一处网红景点"种草"，而后又到她家品尝桂花栗子羹，这与我们此刻的头脑风暴不谋而合。

愿这些思维的火花如同满觉陇的桂花一树一树地盛开，一树一树地绵延不绝。

传承是为了走得更远，宛如桂花之甜。

在时光之中刻画时光

周华诚

工作室外面，水杉的叶子越来越黄。工作室里面，纸上的画稿已用糨糊裱到木板上，正待靠墙晾干，晾干后就可以开始雕刻了，据说这又是一组从古籍里挖掘出来的创新作品。

"再过段时间，就可以吃到桂花年糕啦。"看着窗外，小罗悠悠地自言自语。这是一个桂花飘香的季节，接下来的每个日子，也都让人充满了期待。

一

天气有一点儿凉起来了。早上沿着古新河走过来，路旁的水杉叶子都已经变黄，秋色渐浓。也许再过几天，桂花就要开了吧？

从地铁站出来，黄小建依旧步行，一直走到古新河旁边的这个院子里。上午，院子里还是静悄悄的。除了杭州杂技总团的人、文化馆的人、剧场的人会在这里进进出出，别的闲人很少光顾。说起来，这里位于繁华的市中心，但还算是一个闹中取静的地方，正符合黄小建的心意。

不知不觉，在这个院子里冬去春来，也有两年多了。

黄小建的饾版拱花工作室，在院子南面角落的一幢小楼里。他自己住在城东，有时候坐公交车，有时候乘地铁，穿过半座城市来到这里，既是一种仪式感，也是他感受这座城市活力的一种方式。一路上，迎面而来的，都是年轻的面孔。他开了门，用水壶接水，按下开关，学生小罗也后脚跟了进来。"黄老师早!"小罗一边跟黄老师打着招呼，一边把背包和围巾取下来。昨天做了一半的工作还摊在桌上，宣纸、雕版也都井井有条地摆在桌上。每天一看到这些纸张、木板、刻刀之类的东西，"80后"的小罗也就觉得安心。她喜欢这些东西。她一边整理工具，一边和黄老师说着话："黄老师，你有没有发现，今年的桂花好像开了。"

"哦？是吗？"黄老师说，好像可以闻到一点香气，但没有留意去看桂花树。小罗说，她昨日傍晚，特意在小区里走了下，看了桂花树，发现已经有一些花苞开始绽放了。

"那是怪不得呀，我们这个院子里，好像也有一点桂花香。"

"寒露了，再冷两天，差不多也应该要开了。"

黄小建原先住在宝石山上，那里靠近西湖，桂花树也更多一些。很多杭州人并不知道那个地方。民国初期，那里是传教士建的教会医院。所以，只要一说"麻风病院"，很多老杭州就晓得了，就是那几幢别墅似的老旧房子，很有西洋风格。一百多年前，这所麻风病收治所救治了许多来自各地的麻风病患者。创立者梅院长，就是浙医二院（前身为广济医院）的首任院长梅滕更。他带领好多医护人员创立了这个医院。

黄小建收藏了很多关于这所麻风病院的照片和文字资料。他一直觉得，老房子很宝贵，见证了一个时代，也留下了历史的印记，应该值得被更好地保存下来。

可惜，黄小建住了六十多年的老房子，在去年冬天，被一把火烧毁了。

"腊月里哦，都快过年了，出了这个事。我可狼狈了，后来是在小酒店里将就过的年。"

二

黄小建喜欢那座六角形的两层小楼，毕竟在那里住了将近一辈子。小时候，他跟随妈妈一起搬进去时，还只有八岁。最近三四十年，他几乎每天都蜗居在那座小楼里，似乎与世隔绝，整天埋头画稿、贴稿、刻板、压印——黄老师一天到晚摆弄着他的那些木头，敲敲打打，刻字雕花，别人都不太明白他到底是做什么的。

冬去春来，春去秋来，黄老师在那扇木头窗子下，埋头刻板印花，抬头低头，一起一坐，就过去了几十年。那座老房子都是木楼梯、木地板，走上去咯吱咯吱响，要是小孩子跑过，斜照的阳光里还会漂浮起一层尘埃，给整个房间带来特别的光影效果。

"当时那房子的后面，是一块坟地。晚上，经常有磷火一闪一闪的。不过我们是见怪不怪了。"黄小建说，记得20世纪50年代，房子周边的树木并不茂盛，国庆节苏堤上放烟花，他和家人可以直接坐在二楼阳台上看，惬意极了。

"附近也没有什么房子，只有一片竹林，四面田地。"

从昭庆寺沿着石子路走来，一路上连人影都碰不上一个。居民们都在周边开荒挖地。"各家都有两三分地，种菜养鸡，一派田园风光，那感觉有如世外桃源。"在那个犹如世外桃源的地方，黄小建可以专心致志地着迷于自己喜欢的事物。

在最西面的那间屋子里，夏天，黄小建就光着膀子挥汗如雨。刻刀飞舞，木屑翻飞。冬天呢，外面飘着雪花，他也是躲在屋子里，锯木头、刻木头，或者翻印纸页，有时也会忙出一头的汗。

几十年来，他已经在房间里积累了一大批刻下的长长短短的黄梨木雕版。他用这些雕版印制了一批作品，也堆在那间小小的屋子里。他每天从这些东西中侧身而过，觉得很富足，可以说，那间屋子就是黄老师一生的心血。

哪里晓得，一把火，都烧没了，根本来不及抢出来。

"邻居超负荷用电嘛，出了这样的事。"后来消防部门查过了火怎样起的，也查过了用电的情况，那家人三千六百瓦的用电，这是明明白白的证据，没办法抵赖。火烧起来，还是在后半夜，两点多。黄老师被外面嘈杂的声音吵醒，急忙翻身起来，门一推，一股木头烧焦的烟味扑进来。他赶紧返回，拿了一条浸湿的毛巾，捂住口鼻，爬了出来。本来他想抱着被子跳下来的，但被救火的人提醒后，他顺着水管爬了下来。

"还好醒得及时。"后来一想到这件事，黄老师还会有点后怕。

那场火，把整幢房子都烧没了，从第一间烧到最后一间。两点多钟起火，一直烧到清晨五点钟。消防队员也到了，但是老房子火势太大，他们也没有太好的办法。山上水压不够，浇上去的水都没有什么作用，邻居街坊也只能眼睁睁地看着火继续烧，最后都烧没了。

大家都安慰他，人没事就好。留得青山在，不怕没柴烧。

也是啊，只要人没事，别的都好说。

三

黄老师借宿在酒店，过年的时候，还非常怀念这个住了近一辈子的地方。作为国家级非物质文化遗产代表性项目（雕版印刷技艺）代表性传承人，他当然也心痛自己近一辈子的心血作品在火海中化为灰烬，但是，这也让他想了很多别的事。他希望有年轻人能继承这门手艺。

"雕版印刷"这门手艺，有的人不太了解。其实，所谓雕版印刷，就是把文字、图像雕刻在平整的木板上，再在版面上刷上一道油墨，然后盖上宣纸，用干净的刷子轻轻地刷过，印版上的图文也就清晰地转印到纸张上了。说白了，这就是中国历史悠久的印刷工艺。

20世纪70年代末，黄小建进入浙江美术学院（今中国美术学院）的木版水印厂，跟随师傅张耕源老师学习雕刻技术。当时印刷的东西，主要是潘天寿、吴昌硕、黄宾虹等大家的作品，由中国图书进出口公司负责销售。当时黄小建不过二十来岁。

雕版印刷技艺，融合了中国造纸术、制墨术、雕刻术、摹拓术等好几种优秀的传统工艺，它为后来的活字印刷术开了技术上的先河，是世界现代印刷术的技术源头。杭州的雕版，字体方整挺拔，刀法娴熟，笔画转折处自然流畅，不露刀痕，忠实于字体的本色。这种明朗的风格，很为读书人所追捧。宋人叶梦得在《石林燕语》中说："今天下印书，以杭州为上。"那时候的杭州，已经是天下印书的中心了。黄小建虽然年轻，但对这门手艺很感兴趣，便一头扎了进去。只是，才学了几年，他方才入门呢，这一专业就被撤了，木版水印厂也关停了。职工分流，黄小建去了字画经营部。

原本一起学艺的人，纷纷转了行，没有人再搞这个雕版印刷，黄小建却有些不舍。怎么办呢，那就继续学吧。在兴趣的引导下，黄小建继续钻研着这一门渐渐少人问津的技艺。后来他还拜访了很多老师傅，逐渐掌握了雕版印刷的工序。杭州找不到雕版印刷传承人，他便四处寻访，到扬州、南京、苏州交流学艺。

2005年，一次偶然的机会，黄小建看到了一本笺谱，里头展现的拱花技术让他一下子着了迷。

拱花，是依着木板上的纹理，刻出想要的图案，之后通过压印，使镂刻的图案在纸面上形成浮雕效果的技术。压印后的纸上图案，具有极强的立体感。拱花与饾版相结合，这一技艺实在太让人惊艳了。饾版是按照彩色绘画原稿的用色情况，经过勾描和分版，将每一种颜色都分别雕一块版，然后再依照"由浅到深，由淡到浓"的原则，一次次逐色套印，最后成就一幅彩色印刷品。加上拱花技术后，这些彩色的纹路，还有了类似浮雕的效果，真正让图案"跃然纸上"。

古代文人，生活风雅。譬如说写信，不仅内容要情真意切，就连一张信纸也马虎不得。历代的笺谱，就是文人专用的信纸，上面印着自己喜欢的图案。《十竹斋笺谱》《萝轩变古笺谱》等作品，代代相传，至今仍受人喜爱。民国时期，很多知名文化人写信都用自己的专有信笺，其中很多就是用饾版和拱花技艺制作的。

拱花技术，起源于明代，清代之后就基本失传了。虽然说起来也不难，但是这里面的道道，绝不是几句话就能说得清楚的，必须一次次实践，摸索出心得。所谓"手艺"，哪一个不是在"手"上磨出来的东西呢？黄小建自己摸索，工作台前泡了多少年，终于摸到了拱花技术的门道。很多雕版手艺人，自称会这种拱花技术，但迄今为止，将饾版和拱花两种技艺合一且真正被同行所认可的，只有黄小建老师。

四

宝石山上不能再待了，文化部门了解情况后，为黄小建提供了古新河旁边的这间工作室。相比起来，这里宽敞明亮，设施齐全，有专门堆放木头物料的仓库，也有一些电动设备，方便做些基础的切割工作。黄老师的手脚也施展得开了。

毛笔、刷子、刻刀、起子，大大小小的雕版，一件一件装裱过的作品，在这里各安其所。靠窗子的地方光线充足，一抬头就能望见外面的风景，黄老师便在窗边摆上两张桌子专门印制。饾版的印制，一幅小小的图画，其实也要印上好几遍。一种颜色来一遍，每一次印东西，都要跟之前的位置严丝合缝，才算精美。这是一个细致活，还费眼睛。黄小建收的徒弟里头，小罗特别热爱这项工作，心也细，很多套色印制的活计都是她在做。

小罗说，饾版印刷是国务院认定的"国宝"，能来学习这门技艺，是自己的荣幸。小罗全名罗颖琦，以前就喜欢文玩、串珠子等，后来知道黄老师的雕版印刷技艺，就萌生了学艺的念头。"人一辈子，能找到一件喜欢的事情，那太幸福了，"小罗说，"所以我们都很羡慕黄老师。"

黄老师的拱花手艺，跟"纸上绣花"是一样的，不是光有力气就行。小罗站在黄老师身边，看他用一个钢球，在垫着毡毯的纸上滚动。黄老师说："既要有手劲，又要有巧劲。"

"就像做饭一样，谁都会做饭，学一天也是做，学三年也是做。"小罗每天都来工作室，黄老师会安排她做一些活。比如说印花，一张一张印下来，每一张印得清晰又好看。"就是要重复去做，做多了，就有新的感悟了。"

黄小建也说："其实啊，世界上的事情，道理都是一样的。"

"要是以前，在这个手艺没有人关注的时候，黄老师就不坚持了，那可能现在就没有这个手艺了。"

茶壶里的水滚了，发出咕嘟咕嘟的声响。黄老师和小罗都在忙着手头的事，一下子也没有停下来。等到两三张宣纸印好了，小罗才放下手头的东西，去拿了茶壶给老师的茶杯里续水。

"黄老师这个年纪了，还是要注意身体，不敢让他太辛苦，他做过心脏支架手术，不能太吃力，"小罗说，"但是黄老师说，'歇下来也没意思的，我现在做这些活，爬爬楼梯，一点问题都没有'。"

"小黄老师现在可忙了，对外的活动和展览等，都是小黄老师在张罗。"小黄老师就是黄小建的儿子。黄小建的雕版印刷，现在名气越来越大，不仅走进了工艺美术馆，而且还走出了国门。不过，黄小建也经常参与更接地气的活动，比如去社区里办办讲座，带孩子们搞搞研学。把雕版印刷的知识让小孩子知道，也是一件很有意思的事情。

小黄老师也是中国美术学院毕业的，现在跟着父亲学习这门古老的技艺。如今，生活节奏越来越快，科技发展也突飞猛进，能安安静静地坐下来雕一块板、印几张纸的人，已寥寥无几。

工作室外面，水杉的叶子越来越黄。工作室里面，纸上的画稿已用糨糊裱到木板上，正待靠墙晾干，晾干后就可以开始雕刻了，据说这又是一组从古籍里挖掘出来的创新作品。

"再过段时间，就可以吃到桂花年糕啦。"看着窗外，小罗悠悠地自言自语。这是一个桂花飘香的季节，接下来的每个日子，也都让人充满了期待。

万物，有点甜

鲁怀玉

　　素云用新烧的开水冲了一杯红糖水，红糖遇到开水后升起许多气泡，杯底的红糖快速融化。入口，甜中带着甘蔗淡淡的清香，似乎还有一丝丝来自泥土的咸。

一

天变得更凉了。霜降过后，早晚温差变大，院子里的那棵野柿子树仿佛在一夜间叶片全部变黄、掉落，露出一树红通通的小柿子。

素云又迎来了一年中最忙碌的时间。

早上七点不到，刚从桐庐县城买菜回来的素云，换下早上出门时穿的长袖外套，穿上一件紫红色的马甲，出现在她的红糖作坊里。

在特殊的日子里，素云对细节还是比较讲究的。由她自己设计的"素云红糖"门楼前，昨晚已挂上了大红灯笼，摆上了红色大丽花，拉满了鲜艳的彩旗、彩灯。辛苦了一年，谁还没个红红火火的盼头呢？

　　素云先去了制糖间。制糖间门口的灶膛前，整整齐齐地码了一堆够烧一整天的柴火。这些长条形的柴，从去年年前就开始准备了，一块块的，都是老俞劈的，大小均匀。几年劈下来，经常有人当着素云的面夸老俞，说这是把粗活干成了细活，标准啊。素云人缘好，后院堆着的两座小山一样的柴，全是免费得来的。附近几个村的村民，甚至隔了一条富春江的对岸熟人，遇到拆迁等有废弃的木料，或是看到路边大棵枯死的绿化树，都会主动打来电话，让素云搬回去劈成柴火熬糖。

　　制糖间里面也已经准备就绪。昨天下午从义乌接过来的六位制糖师傅，正在做最后的整理。八口糖锅直线型排列，锅子是一个月前埋下去的。大铁锅和灶沿经过了一个月的保养，已经变得光滑、服帖，长为了一体。这会儿，除距离灶膛最近的那口锅外，其他七口锅里全部盛满了清水。另外那些工具，舀糖的长柄勺子、糖床、切刀，放糖的脚箩、竹筐等，也已全部洗干净，放在了各自的位置上。

　　负责切糖的翁师傅看到素云进来，打趣问："老板娘，晚上给我们吃什么好菜啊？"

　　"你嘛，不用问的，只要有肉就行了。"一旁负责烧火的楼师傅抢着回答。

"都有都有,猪肉、牛肉、灵桥羊肉、自家甘蔗田里养的土鸡,全准备了。还有你们老家没有的富春江野生翘嘴白鱼和螃蟹,我也跟村里渔船老板说了,等会儿就送来。"

素云笑着回应。

这些师傅中,翁师傅和负责候糖的柳师傅已连续帮素云做了十年糖,还有三位也来了有五年以上。每年两个多月六七十个日夜的共处,大家对彼此的性格爱好,包括爱吃什么,都已了然于胸,玩笑也开得很自然。大家都知道素云的安排,这红糖开熬的第一顿晚餐,就像过节一样,会尤其丰盛。

只有今年第一次过来的小楼师傅,还显得有点拘谨,自顾自洗着第一口锅,没出声。小楼师傅是这些制糖师傅中年龄最小的,但岁数其实也不小了,1967年的,正好跟素云同龄,素云昨天就知道了。

"同年佬,你爱吃什么也跟我说噢,到了这里就像在家里一样。"

素云专门走到他身边跟他打招呼。

二

老俞是素云的爱人,也是五点不到起床,这会儿已按素云的吩咐，布置好了今天在田里收甘蔗的人手、运甘蔗的车和人。人都是前几天就叫好了的，其中几个是自己人。素云的哥、姐、姐夫，每年这段时间都会主动过来帮忙。到了日子上，活儿还是得具体落实一下。"忙归忙，节奏还是要有的，自己最要有数，每个环节都不能乱"，这是每逢大事素云都要交代他的。

他们在一起的时间跟做红糖的时间一样长，正好十年。十年中，夫妻俩分工合作，很多方面早已跟做出来的红糖一样，性状稳定，甜度适中。

七点八分，随着素云的一声"到了"，老俞默契地拉下榨汁间的电闸，往榨汁机里塞进几根甘蔗。很快，今年第一股带着草木清香的甘蔗汁从机器里流出，通过平铺着的滤网流向下面的沉淀池。

一个小时后，楼师傅开始点火，往连着八口锅的灶膛里塞柴火。小楼师傅按下水泵开关，打开架在第一口锅上的水龙头。沉淀池里的甘蔗汁通过十几米长的地下管网汩汩地流入锅里。

一字排开的八口糖锅，按从外到里、由大到小的顺序排列，用的是直风腔灶连环锅工艺，这是历代制糖人智慧的结晶。

红糖，是以甘蔗为原料，经提汁、澄清、煮炼等工序制成的粗糖，完全保留了甘蔗原有的风味和营养物质。它与白砂糖、赤砂糖等精制糖不一样，是一种非分蜜糖。

中国官方正史中关于蔗糖的记载，最早见于《新唐书》：

贞观二十一年（647）……太宗遣使取熬糖法，即诏扬州上诸蔗，柞沈如其剂，色味愈西域远甚。

印度熬糖技术由此传入中国，可见其历史悠久。

大火约二十分钟后，糖汁开始沸腾，一些杂质开始浮于表面。小楼师傅的神情变得更为专注，甚至有点严肃。他不停地搅拌糖水，用漏勺将浮起来的灰白色杂质捞出，倒进一旁的桶中。之后，他一边吩咐旁边的师傅腾空第二口锅里的水，大声朝灶膛口喊"降温"，一边往糖锅里撒下一小勺白色粉末。

就像变戏法一样，"滋"的一声，糖锅里一下冒出一大堆水泡。小楼师傅快速往锅外撒出这些水泡，锅里的糖汁比之前澄清了不少。他开始将一部分糖汁舀进第二口锅，继续撒出里面渐渐少下去的水泡。

素云说，往糖汁里加的是苏打粉。一锅糖水里加十克苏打粉，一方面能快速地使糖汁里的杂质变成水泡并浮于表面，便于清除；另一方面能中和糖汁的酸性，让制作出来的红糖味道更清甜。

待浮沫撇净，小楼师傅将已经蒸发了一部分水分的糖汁舀进第三口锅。紧接着，这些糖汁又被后面的师傅舀进第四、第五、第六口锅里。掌管中间这几口锅的师傅很有意思，在灶上熬糖的三位师傅中数他最悠闲，手动着，嘴也没闲着，不停地哼着"哆来咪发、哆来咪发"，似乎要把"哆来咪发"也熬进糖里。师傅说，这过程又叫"赶水"，利用连环锅越后面的锅温度越低的原理，按照火候、糖汁的收汁情况，将前一口锅里的糖汁快速赶往下一口锅。

水蒸气渐渐地在制糖间弥漫开来，空气中飘散着一股香甜。

糖汁到了候糖师傅柳唯有的最后两口锅里，便到了出糖的关键期。

候糖，是将浓度变大的糖汁连续不断搅拌（俗称"摇瓢"），等待最后的水分蒸发，然后舀起糖浆的过程。

柳师傅是素云重点物色的候糖师傅。他当过村主任，性格沉稳，话不多。只见他上下左右转动着手中的长柄糖瓢，手势起来重，落下轻，糖汁被不断刮离锅底。才几分钟时间，他手下冒着小泡的糖汁变成了黏稠的糖浆，颜色也从金黄色渐渐变成了褐红色。

柳师傅不到二十岁就学会了候糖，几十年间练就了眼到手到的候糖真本领。经他的手做出来的红糖性状很稳定，基本不会有差错。

一晃，柳师傅在素云这里已从六十二岁干到了七十二岁。素云眼下最担心的就是像柳师傅这样技术过硬的候糖师傅，年轻人中已经很难找到了。

柳师傅舀起浓稠的糖浆，糖浆从瓢口挂下来，拉出一根根细丝。柳师傅说了一声"起锅"，熬好的糖浆就出现在了带木框的糖床里。

切糖的翁师傅用一把推子快速地将糖浆边搅拌边推开，反复来回倒腾一番后，糖浆被厚薄均匀地铺在糖床里。

戴着口罩的翁师傅手脚麻利，一锅糖在他手里看似很轻巧地就被搞定了。他抬头，露出一双灵动的眼睛，说："你别看我这动作简单，也得掌握好火候呢。散热、冷凝、打砂，不同的温度做不同的事，凭的是经验，这也是技术活儿呢。"

"要做出好的红糖，除了技术，还要讲良心，素云老板娘的红糖一般人是做不出来的。老实说，我们以前给别的人家做红糖，谁还不动点小脑筋啊，往沉淀池糖汁里勾兑些白糖，将糖汁最多熬到七分干，很多人家拿来卖的红糖和自己留下吃的都是不一样的。"

"你不知道吧，第一年给她做红糖，我们几个都在背后说她傻呢，就按她这种做法，哪还能赚到钱啊。"

"哎呀，不能说太多，反正这素云红糖就是难得的好糖。"

翁师傅回头朝别的几个同伴瞟了一眼，耸了耸肩膀，有点调皮地皱了下眉，生怕自己说多了。

素云被他的表情逗笑了。

从入锅到出锅，用时大约两小时。又过了十四五分钟，糖床里的糖被分割、铲出，放到竹筐里冷却。第一锅糖终于做成。看到成品，素云微微地松了口气。

新出的红糖呈较浅的土黄色，略带青色，细看颗粒呈粉末状，轻轻一掰就可分开。素云说，过了霜降，地里的甘蔗会一天比一天甜，甘蔗表皮的糖霜也会快速积累。过段时间，甘蔗收成会更高，做出来的红糖会更甜，颜色会更深一些。但农事都自有安排，五六十亩甘蔗要赶在霜冻前全部收割、处理完毕，不抓紧也不行。

素云用新烧的开水冲了一杯红糖水，红糖遇到开水后升起许多气泡，杯底的红糖快速融化。入口，甜中带着甘蔗淡淡的清香，似乎还有一丝丝来自泥土的咸。

尝上一口，素云露出了满意的微笑。

"要的就是这口纯粹啊，好的东西都得尽心去做。"素云的声音也温润了不少。

做红糖是季节性的技术活儿，中间得间隔大半年。尽管请来的都是老师傅，每年第一锅糖出锅前，素云还是会隐隐有点不踏实。

除了师傅间的配合，在整个做糖过程中，哪怕一个很小的环节出了问题，都会影响很大。素云回忆，有一年冬天，就因为灶膛口的鼓风机坏了，前后耽搁了大约半小时，八口锅里的糖汁全部废了，损失上百斤糖。

那可是上千斤甘蔗啊。

三

素云自己都不敢相信，做红糖这件事，自己居然坚持了下来。十年，对，一晃就满十年了。

素云全名申屠素云，在富阳东梓关做红糖看似偶然。

2009年，原本在金华妹妹家公司里上班的素云，由于特殊原因提前退休。2010年，老家东梓关村里的领导得知素云赋闲在家，邀请她担任村里的计生信息员。

素云爽快地答应了，用她的话说："我是喜欢干事情的人。"

真正回到村里，尤其是了解到近年国家对农业和开发农产品的重视，素云就想着为村里做点事，把外面好的东西带到村里来。

具体带什么呢？

素云第一个想到的就是红糖。

自1999年，她和妹妹一起在义乌小商品市场摆摊开始，素云就默默地关注起了红糖。

素云爱吃红糖。除了钟爱红糖的口感，还因为素云年轻时经常痛经，是一杯杯红糖水缓解了那一次次难受的痉挛。素云知道自己是寒性体质，多吃红糖对身体有好处。

在义乌一带走动的那些年，素云每年都要买不少义乌红糖回来送人，也逐渐了解了这其中的一些"奥秘"。

因为地理位置等优势，义乌种糖蔗、做红糖的历史已久。

红糖产业曾经是义乌最坚挺的产业之一。后来闻名世界的义乌小商品市场，就是从走街串巷的糖担子开始的。

小商品业的繁荣遏制了义乌红糖业的发展。前些年，义乌种糖蔗的土地大幅减少，从事红糖生产的人员大多改行，制糖业后继无人，义乌红糖产业走向低迷。义乌当地的很多红糖都来自外地，市场上以次充好的现象也层出不穷。

爱红糖又对商业敏感的素云将这些都看在眼里。

素云开始默默地做准备。

2010年，引进红糖制作的念头一上来，素云就取了义乌红糖产区和东梓关周围两地的三份泥土，送往当时的富阳市农业局做了土壤分析。四个月后农业局回复：相似度百分之九十八，可行。随后的2010年底，素云通过妹夫联系到他的表弟，前往位于义乌市义亭镇王阡村的红糖生产家庭作坊，免费帮忙兼学做红糖。

这一学就学了三年。素云边学习制糖技术边观察商业行情，并于2011年底打定主意。2012年一整年，素云来回于义乌义亭和富阳东梓关，一方面全面学习义乌传统的糖蔗种植栽培技术和巩固红糖制作技术，另一方面开始在老家东梓关挨家挨户上门做村民工作，租下合适的田地。

2013年2月，四十七岁的素云背起锄头回到三十多年前劳作的田地，开始新一轮创业。

为了确保义乌红糖的纯正口感，素云选择了义乌传统的青皮糖梗为蔗种。如果引进农科院改良的新品种，亩产起码会比传统的青皮糖梗高八千斤左右。

农民靠天吃饭，再次和田打起交道，尽管兜里藏着这几年学习做下的笔记，素云还是心怀忐忑。

受地理位置影响，富阳比义乌年平均气温要低两摄氏度左右，且富阳每年夏天受台风影响的概率要比义乌高得多，这些都不利于甘蔗生长。但东梓关靠近富春江，灌溉方便，富春江的水质大大优于其他地方，江边沙地的土质也适合种甘蔗。

第一年收获的那批甘蔗，素云是在义乌义亭租下一个红糖加工厂，自己去加工的。结果，素云做出来的红糖被当地人评价为"全中国第一"，口感超过了义乌本地红糖。一些制作红糖的人家也来买素云的红糖，用于自己食用或送亲朋好友。

这让素云有了在富阳做红糖的底气。第二年，她就在东梓关砖瓦厂旧址上造了集生产、销售于一体的房屋。"素云红糖"正式入驻富阳东梓关。

做喜欢的事，时间流逝起来总是快得让人恍惚。做红糖的这些年，素云自己种甘蔗、收甘蔗、做红糖和开发红糖衍生产品，还通过远程教育获得了农村经济管理专业的大专学历，接着继续攻读本科学位。忙碌改变了她，她没了以前身体上的小病小痛，还经常在别人问起时想不起自己几岁了。她真没想到，在退休之后，日子反而被她过得如此充实。

每口糖锅都在冒泡，制糖间的水蒸气更浓了。素云打开制糖间的六个排风扇，香甜的气味从留有开口的屋顶散发，四处飘荡。

万物虽藏，生机犹在，待来日花开。

冬

点燃时，连时间也柔软起来

金夏辉

而浅褐色的线香，则安静地躺在不见光的木架子上。小小线香中的多种药材，正在慢慢融合。线香刚成型时的燥气，渐渐中和，变得稳定且温顺起来。

一

立冬，水始冰，地渐冻，飞鸟稀落。

穿过深澳古村高大的石制门，便可见一个池塘，池塘边有亭廊，亭廊里有人垂钓，静待鱼儿咬钩。冬鱼喜静，好藏水中，最考验钓鱼人的耐心。

其实，做什么事不需要耐心呢？做香也不例外。

制香人涑南的木龙香坊就位于这个古村中，四周满是高高的马头墙，连片用白灰粉刷过的粉墙，颇具古意。

拐进一条宽阔的石板路，很快便能看见左侧的木龙香坊。门前铺着鹅卵石，门口有三层石台阶，两侧各蹲着一头小小的石兽，右边立着一块牌子，上面的文字令人印象颇深：香，是自然的产物，接近大自然是其工作的一部分。

木龙香坊并不大，有淡淡的香气传出来。

进门后左侧的房间，乃待客之所。一张厚实的木质长桌，靠着外侧墙壁的方窗。窗户带着锈铁的竖条栅栏，款式有些年代了。天冷的时候，透过窗能看到略显萧素的落叶乔木。

涑南点燃了一支香，将其放入香插。

同行的老师问起村口池塘的名字。

涑南思考了一下说道："前面那个水塘，就叫水塘。"

同行的老师笑道："就叫水塘啊，好的。"

涑南神色平静，泡着茶，认真说道："对，就叫水塘，然后门口这个叫吃水塘，旁边写着禁洗衣物，村子里有五层水系，每个老房子下面就有，水最后在一个一人高的大洞里被送走了。"说起村子里的水，涑南的语调有了起伏。

天冷时，老一辈的人还会在水塘里洗衣服，一双手洗着洗着就热起来了。

涑南熟悉这个地方的水，就像熟悉他手中的香一样。香，离不开山野间汩汩流淌的水，也离不开四季的变幻。

在他眼中，秋风吹尽、寒意渐起的冬天和送来桃花香的春天一样重要。

二

香，听起来很神秘，但在中国，其实很早就有了。战国时期屈原的《离骚》便以香木香草比喻美好品德。

"宋朝的香最雅，它的文化底子造就了它，到了明朝、清朝，香更加复杂、富丽堂皇。宋朝的时候，香是民间的；明清，香是多种多样的，有宫廷方、道教方、生活方。上可阳春白雪，下可下里巴人。"说到这里，涑南笑了起来。

"明朝的时候，出现了线香。以前玩香粉、香丸的人多，因为大家习惯点炉子，直接把香丸放进去。"

涑南研究线香多年。线香的制作难度是最高的，需要经过漫长的制作周期：定主题、选香料、调样、炮制磨粉、调香制作、发酵阴干、收香窖藏、品闻。一款香，需要长达三至六个月的时间，才能真正问世。

每一款香，都有它的语调和个性。如客户需要的香要和世俗气质区分开，"我给他的香就要有山野气，要有空灵感"。调香，从不是循规蹈矩的。

当然了，做香又并非随心所欲的，无论是定主题、选香料，还是调香制作等过程，都需要遵循天地的规律。春秋凉爽，极适合做香。夏天太热，制香师的鼻子容易失灵。

至于冬季，冷冽的空气，倒适合香的窖藏，能帮助稳定香的味道。

药材磨成粉，按照一定的比例混合，再手制成形，便有了线香的基本形状。此后便是阴干，为了去除水分，所藏之地需通风且无光。

之后是窖藏，有时需要几个月。

涑南小心地把线香放入密封的容器里，再为它们找一处不见光，温度、湿度适宜的储藏空间。所有的香料都是药材，有着自己的秉性。它们带着各自的药性和温凉感，需要时间来相互磨合。

涑南对药材很亲切，他的爷爷是郎中，家里有一些常备的药材，例如当归、藿香等，所以涑南小时候能看到并认识不少药材。

在漫长的冬季，窗外寒风呼啸，麻雀睡在窝中。一些人会在家中制作并挂起咸肉和香肠。而浅褐色的线香，则安静地躺在不见光的木架子上。小小线香中的多种药材，正在慢慢融合。线香刚成型时的燥气渐渐中和，线香变得稳定且温顺起来。

立冬是冷的，但配上酒，反而滚烫起来。此前，做香之余，涑南和几个小伙伴，经常一起坐在作坊后边的长桌边，喝酒到深夜。

几斤酒是白的，一轮月也是白的。

到达涑南制香的房间，需经过厅堂和小院子。厅堂大致被分为两个空间，靠墙的木架子上摆满了各式各样的香插、线香。几个香插呈莲花状，花瓣饱满且不妖艳，倒有几分村中水塘里睡莲的宁静之色。院子虽小，却称得上一方小世界。站在湿漉漉的石板上，可以看到摇曳的兰草，还有许多苍翠欲滴的小巧植物。

走了三四步，移开玻璃门，更浓郁的香味传来。在这个不大的空间内产出的香，足以让一个千里之外的人恣意舒卷灵魂。从里侧看，墙壁上叠有数块鹅卵石或石砖。墙边的木架子上摆满了各类瓶罐，里面装有块状或粉末状的各类药材，例如辛夷、红景天等。

拜访时，我们瞥见桌上有一本诗集，随意摊开着。

这里真适合在冬天喝酒、读诗，还有藏香。

三

涑南为我们倒了茶，听着茶水碰上茶盏的声音，他回忆起自己和制香难解难分的十多年。

涑南的大学专业是摄影。大二的时候，他开始在南昌的华南博物馆实习。一开始做的是朋友介绍的文物拍摄的兼职，"我们就跟着他玩嘛"。

初次拍摄文物，水平自然一般，但馆长觉得这个小伙子不错："年轻人，你拿器物的动作还是挺细致的，可以做这份工作。"拿文物，不能随意，要先把手中的东西放下，再去取文物，绝对不能一次拿两个。

涑南在博物馆的日子就这么开始了。"在博物馆的话，做做香炉或者其他文房器物的各种拍摄整理，需要对香材、香料等进行了解，包括香炉的形制、用途。自己得查阅资料，当时还买了很多参考书。"

前面说过，涑南小时候熟悉各类药材的气味，接触香炉的过程，也勾起了他记忆中的那些香气。每一个沧桑的香炉，都萦绕着一种味道，让他穿越时光，去往古人的书房。

在馆里，由于一些展品不能见光，涑南工作起来经常分不清白天还是黑夜。涑南和朋友们在里边干活，一不小心就干到了深夜一两点。"那个时候，做东西、学东西都很快。"

涑南和朋友们后来还参与了嘉德一百周年拍卖会，他们能讲明白香炉的形制、用途、文化，更能清晰地展现香炉的价值。

完成文物拍摄和整理的相关工作后，涑南离开了华南博物馆。他在舅舅的介绍下，去了一家大公司，成了市场经理的助理。他经常拉着行李箱，跟着经理到处出差，餐餐喝酒。涑南并不适应这种生活，"你让我喝酒，喝一点没事，但是天天这样，会不舒服"。

这期间，涑南周六、周日是休息的，他喜欢去博物馆等地方，看看各种古物。有了博物馆工作的经验，见识过那些繁杂的工序、较高的审美品位，器物的好坏，涑南心里也大概有了数。在他眼中，一些器物比较粗糙，达不到他的审美要求。

在那些四处逛逛的周末里，他认识了静品沉香的老板娘。老板娘开了香馆，早些年在香港收了一些香，但卖得不多。

涑南无意中说起："未来是传统香的市场。因为香炉所用的香，百分之九十都是中药传统香。"

一听到这个年轻人的话,老板娘立马来了兴趣。她此后经常发消息给涑南:"你休息了吗?来这儿喝茶?"

两人就香的话题,逐渐熟络起来。聊着聊着,涑南说:"有点想做香,自己研究。"

老板娘问:"那你算过要多少钱吗?要不一起做?"

做香的念头,就在闲聊之中诞生了。家中的中药、博物馆的香炉、卖香的老板娘,一切的一切,都像命中注定一般。

年前,涑南请了年假,把国内的香场全都跑了一遍。不久后,涑南就从大公司辞职了,决心专心做香。

走之前,大公司老总说:"你确定啊?我给你半年时间,干不好回来。"大公司还帮涑南多缴了半年"社保"。

涑南最终还是没回去,一个人在租的房子里研究香,花了很多钱在网上购买原材料。

这段日子蛮苦的,做香一直没有实质性的进展。涑南不得不用药材做一点香囊,跑到吴山广场摆摊卖,赚点钱。后来他还遇见一位台湾老师,老师为涑南提供了沉香的标本,价值上万元。闻到了真正的沉香,涑南才知道自己在网上买的都是假的。

2014年七八月,炎热的天气影响了涑南的鼻子,"鼻子失灵了，慢慢开始有压力"。出于各种考量，涑南这时候搬到了深澳村。

深澳村的泉水，甚得涑南欢心。山泉水中富含矿物质，能在做香的过程中更好地发挥作用。以前，他都要跑到虎跑泉去接水。此外，涑南还做过芳疗师、卖过鲜花饼，也赚了不少钱，不过一直没有放下做香这件事。

时间慢慢地流淌，像古村里的水。涑南的做香事业，终于有了起色，他开始为一些客户制作定制香。

立冬，看似是草木凋零、蛰虫休眠的时节，其实万物是在积蓄生命力。这像极了涑南的这十多年，也像极了山中窖藏的香。

《易经》有云："初九，潜龙勿用。"龙潜于渊，等待时机，君子不妄动。

万物虽藏，生机犹在，待来日花开。

四

现在，住在深澳村，每隔两三天，涑南就往山里跑。

"我很喜欢晚上去，白天工作，晚上吃完饭，稍微喝几口水，就骑车到附近的山里去。"如果没骑车，他便会跑步，在冬天里呼着热气，路过古老的寺庙。

他慢慢地跑着，山野的空气仿佛穿过身体，令他整个人都放松下来。"我们的心扉会打开，那是一种不一样的感受，在那种状态下，身心感受力就会增强，对于植物、调香，也会有敏锐的感知。"

涞南的名字，是在做香之后取的："原名叫严森彪，本地市有涞河，母亲河一样。到南方以后，想做香，原名有点虎气。湖州铁佛寺的师父就说，你那边有涞水大河，那就叫涞南吧。"

离别时，我们在村落里转了转，不少手艺人住在这里，涞南和他们都很熟悉。

涞南带我们走进了一处手工作坊，里面的大叔正低着头做器皿，桌上摆着一些老葫芦。

"你忙工作，我们转一圈啊。"

大叔抬起头，应了一声。

涞南走到大叔的木桌旁，笑着说道："他在做东西，比我勤快多了。"

还有一处手工作坊，主人不在，低矮的木栅门轻掩着。涞南轻轻推开门，也不顾忌什么，带我们穿过放满盆栽的小院子，进去参观器物。

　　人走不闭户的场景，我们很多年没有见过了。

　　立冬下雨的日子里，村落是冷的，也是美的。雨丝从马头墙的檐上落下，飘到青石板路上，在鹅卵石间的缝隙里流淌。

　　雨下大后，地上的雨水流淌形成一串串闪烁的星辰。

　　不知山中窖藏的线香，有没有变得更柔和一些。

豆腐包，没想到你是这么有料的小胖子

何婉玲

豆腐爽滑，面皮松软，一个轻盈润滑，一个饱满绵密。豆腐的嫩与面皮的韧，相得益彰，妙不可言。

一

"没有青辣椒的豆腐包是没有灵魂的。"遇到的建德人都会这样告诉你。豆腐包馅里的青辣椒与红辣椒，红绿两相配，是建德人活色生香一天的初启。

清晨，"半朵花"建德豆腐包店里，食客来来往往，络绎不绝。高峰期，店堂中排起了长队，年轻的傅晅每见客人来，便热情地招呼，问要点什么。

寒冬里的早餐店，烟气缭绕，一屉屉竹笼叠在蒸锅上，豆腐包一块五一个，咸豆浆一块一碗，食量大的，来三个豆腐包，足可饱腹。吃豆腐包得赶早，我在周日上午九点三十分走进"半朵花"，只买到最后两个豆腐包。"今天一百斤豆腐全部做完卖完了。"傅晅说。可想，"半朵花"的豆腐包，迟了可吃不到。

傅晅在建德新安江开了两家"半朵花"豆腐包店，一家在汽车东站附近，另一家在金塘社区。最质朴、最地道的当地口味往往根植于社区小店。新安江这地方山清水秀，房子建在山水之畔，店铺出门左转百米开外，便是十七摄氏度的新安江水和依在江边的一座绿色大山。

这里，有杜牧笔下的"好树鸣幽鸟，晴楼入野烟"，是孟浩然所言的"野旷天低树，江清月近人"，是李白惊叹的"人行明镜中，鸟度屏风里"。可谁能想到，在江南这么温温软软、依山傍水的地方，却生活着一群爱吃辣的人。

"半朵梅花城，一笼豆腐包。"傅晅告诉我，在过去的建德（古称严州），有"天下梅花两朵半，北京一朵，南京一朵，严州半朵"的说法。这里的"梅花"指的是梅花形的城垛，这种形状的城垛只有南北两京城可有。所以，严州的半朵"梅花"，在当时可谓极大的荣耀，是城市身份和地位的象征。严州也被称为"半朵梅花城"。傅晅"半朵花"豆腐包店的名字正是来源于此。

至于豆腐包的历史，则可以追溯到南宋。据闻，南宋诗人陆游在严州任职时，路过一家豆腐店，闻到豆腐飘香，便问店家可有豆腐做的点心，店家拿出一笼豆腐包，陆游尝后大赞，题名"严陵第一包"。

傅晅也给我讲了另一个版本的故事。他说，陆游在严州体察民情，见百姓吃着香软的包子，以为是肉包，尝了一口才发现，原来是豆腐做的馅。普通百姓吃不起肉，用豆腐替代，却没想豆腐滑嫩，汤汁鲜美，豆腐包竟比肉包还要美味。陆游尝后颇为难忘，题名"严陵第一包"。

无论是哪个故事，都让人感受到了陆游与建德豆腐包的不解之缘。

小雪时节，一个豆腐包，一碗豆浆，就是冬日里热气腾腾的好。

二

揉面时，傅晅将袖子挽起，两只手交替进行，年轻时当兵的经历，以及每天傍晚坚持不懈的健身，让傅晅揉起面来有一种行云流水之美。揉好的面团搓成长条，再用手揪成一个个剂子。所有操作皆是手工完成，千百万次对面粉的搓揉擀打，磨炼出独一无二的手感，面团筋道与否，双手第一时间感知。这些，都是机器无法做到的。

　　傅晅剑眉星目，面容俊朗，看着年纪不大，实际已有十几年的做包子经验了。他从小吃着父母亲做的豆腐包长大。二十一岁时，他去安徽当兵，在安徽省委警卫连时，看食堂包子做得好，特意向师傅讨教学习。他二十九岁退伍，回来后分配到建德市公安局巡特警大队，待了半年出来，先是跟着舅舅做餐饮，后又同妻子一起在绍兴鲁迅故里卖建德状元饼、梅干菜饼、牛肉饼，生意火爆，也做包子，豆腐包、肉包、梅干菜包、笋干包、粉丝包、香菇青菜包、萝卜丝包，各种口味。他还另辟蹊径，制作过一款臭豆腐包。他笑道："臭豆腐包味道重，不能和其他口味的包子一笼蒸，否则一笼包子都是臭豆腐味。"

　　后因疫情影响，生意渐至冷清。他回来咨询舅舅，问疫情期间做什么好。舅舅建议：要不开包子店吧。一来，傅晅已经做了十来年包子了；二来，疫情期间不建议堂食，包子打包方便。

　　为了做好包子，傅晅掏出全部积蓄学习手艺，山东、陕西、河北、天津，他都去过。为何要去北方学习做包子？那是因为北方的馒头都是老面做的，一层层可以手撕，吃起来非常有嚼劲。他说，在建德，用老面做包子的没有几家，用老面做的豆腐包，不加泡打粉，不加酵母，不用刀切，不用机压，纯手工制作，瓷实柔韧、筋道有力。

2021年5月27日，建德豆腐包师傅擂台赛在梅城镇举办，共有四五百家单位参加，参赛的师傅需在二十分钟内制作一笼精致的豆腐包。

最终，傅晅以总分第一的成绩，从众多老师傅中脱颖而出，获得"金牌师傅"的称号。他自谦，大约是想给年轻人多一些鼓励吧。傅晅的包子，光是成品图在微信群里一发，同行们就心服口服。这个包子"颜值"太高了，可谓完美，齐齐整整一共二十三个褶子，包子形状饱满圆润，直径刚好八厘米，包子中间的"天眼"，从侧边看，"鲫鱼嘴"微微翘起——挑不出任何瑕疵。

这个金牌，他拿得理所应当。

豆腐包还有个长久未突破的难题——放久了不挺，容易塌陷。为此，傅晅进行了无数次试验，他把豆腐皮包进豆腐包里，利用豆腐皮锁住水分，降低豆腐包的塌陷程度。

豆腐爽滑，面皮松软，一个轻盈润滑，一个饱满绵密。豆腐的嫩与面皮的韧，相得益彰，妙不可言。

2021年9月24日，傅晅获建德市第二届"建德工匠"

荣誉。

建德豆腐包有一千多年历史，为了像缙云烧饼、次坞打面、嵊州小笼包一样将建德豆腐包做成地方特色品牌，建德成立"豆腐包办"，制定扶持政策，策划品牌推广方案，还开办了豆腐包师傅培训学校。傅昛在豆腐包师傅培训学校教了四期课，学员好几百人，遍布全国各地。

遍布全国各地的，还有建德风味和建德豆腐包里的温情。

三

天津狗不理包子、嵊州小笼包、上海生煎包、开封灌汤包、广州叉烧包、南京鸡汁汤包、扬州三丁包，在竞争激烈的包子江湖里，建德凭借豆腐包杀出了一条生路，它个性凛然，风味独绝，口感层次丰富，还带着一点小小的野心。

如今，建德豆腐包早已走出建德，在杭州、金华、湖州、舟山、嘉兴、衢州多地开出店铺；还走向了全国，在上海、贵州、江西、福建、河北、陕西、广西等地，食客们均能看到建德豆腐包"兜福"敦实软萌的可爱形象。

"兜福"，是以"豆腐"为谐音的吉祥物，拥有豆腐包外形。它头顶辣椒，脚踏辣椒，头上九道刘海，胖乎乎的脸上漾着两点可爱红晕，看着软辣热情、生动喜气。

在异乡吃一个建德豆腐包，鲜辣，饱腹，大解乡愁。乡愁，不是一枚小小的邮票，而是家乡早餐屉笼里蒸腾起来的热气，是裹在面皮里如豆腐般水嫩温柔的一声问候。建德豆腐包，差不多就是建德人含在嘴里的故乡了，尝上一口，魂牵梦萦。再也没有比在异乡吃到一个家乡味的豆腐包，更慰藉人心，更令人动情的事情了。

傅晅还有个更大的心愿，他想去杭州、上海开豆腐包店，开成品牌连锁店，除了豆腐包，还要卖建德当地的各种传统特色美食：小馄饨、麻球、玉米粿、锅贴、炒面、咸豆浆、手擀拌面、大饼油条、豆腐脑、咸汤圆、糯米饭、鸡蛋饼、凉拌粉干、建德肉圆……他想要在面点事业上更加用心，用"匠心精神"做好豆腐包，把"建德味道"带到全国甚至全世界，让四方朋友都可以吃到建德豆腐包。

小雪气寒而将雪，天气逐渐转冷。在这样的天气里，晒太阳成为最美好不过的事情。古时，晒太阳又叫"负暄"，白居易《负冬日》云：

　　杲杲冬日出，照我屋南隅。负暄闭目坐，和气

生肌肤。初似饮醇醪，又如蛰者苏。外融百骸畅，
中适一念无。旷然忘所在，心与虚空俱。

巧得是，"傅晅"与"负暄"同音。当我和傅晅道来
"负暄"在古语中的意思时，他笑了起来。在他看来，冬日里
吃个热腾腾的豆腐包，再在太阳底下晒一晒，就是平凡人间
最有滋味的事情。

"过段时间打算再出门学习一下。"临走时，傅晅补充道。
即便是做豆腐包，也是学无止境的。

出门，口中呼出一股热气，小雪过后，过年也就不远了。

踏雪吃肉是寒冬的正确消化方式

吴卓平

一锅仓前羊肉，就如同一位技术高超的魔术师，未见道具，却已轻轻巧巧地在一个激灵间打通人的任督二脉，将寒冬的冷冽驱逐至体外，也让全身经络疏通开来。

这种通透感，须本地化的表达才最到味——杭州话称之为"服帖"，表达的是身心两悦之后，对一道美食的心服与口服。

尽管传统文化中如"美""鲜""吉祥"等重要概念皆与羊有关，但在杭州，要说起吃羊肉，除了羊头坝、凤凰寺一带的老城区居民，大多数杭州人都提不起兴致，远不及北方羊肉宴上北方人那般龙吟虎啸。

　　如我这般的非著名"吃货"，如果想招呼一众人马去吃顿羊肉，总如同接了一件麻烦事，往往很难成行。城中的"小肥羊"或是"羊蝎子"，吸引大家的多半是推杯换盏、觥筹交错的火锅气氛，羊肉并非席间的主角。

　　从店家门帘的间隙里放眼望去，食客桌上多半是青菜配一两盘子秀气的鲜切羊肉，或是羊肉卷，再多一盘都有明显过剩的意思。

　　不过，杭州余杭的仓前羊肉，是个例外。掏羊锅这件事，仓前人已经做了百来年，甚至还留下了一句俗语："不掏羊锅，枉到仓前。"

曾经的仓前羊锅节，轰动整座城市：无数杭州人开着私家车，坐着公交车，哪怕骑着自行车也要在大雪节气前后去往余杭仓前，掏上一回羊锅，吃上一顿羊肉。

我的一个前同事，是仓前羊锅的忠实粉丝，他把这一过程，戏称为"踏雪寻肉"。羊肉之于冬天，就如同春笋之于春天，是信号，是icon（符号）。如今，秋冬时节到仓前掏羊锅，就像春暖花开时去梅家坞喝茶一样，已成为杭州人的一种生活习惯。

而要说仓前羊锅哪家强？我的一位朋友推荐王荣法羊锅："去仓前掏羊锅，就得找王大哥王荣法。"

语气容不得半点质疑。

推荐人是小鱼，身为本塘"土著"、美少女，以及报社美食记者，她曾以一天怒吃四顿大肠的节奏，连"刷"近二十家本帮菜馆，"工伤"之后，每日仅以榨菜、白粥度日，仍不忘作诗聊表心志："十步哝一肠，千里不留行。事了扶墙去，深藏功与名。"此等职业精神，可亲可敬。我信作为"美食导师"的她。

从杭州城区开车出发，经过未来科技城、梦想小镇，然而往南一拐，便到了荆余路，如今，王荣法在这里经营着掏羊锅生意。

店面不算太大，也谈不上时髦与设计感，但干净整洁。而按照小鱼提供的线索，很多羊锅爱好者一直选择王大哥家的羊肉，就是因为一个"专"字。

其实，说起吃羊，全世界范围内，数中东及北非一带风气最盛。我游历过中东多国，当地人视羊为象征力量的神圣之物，每逢节日，便要牵着自家的羊到广场上与别人家的羊格斗一番，以示英勇。而烹饪是门因地域而异的艺术，在某地，人人都能轻松料理好的食材，到了另一方土地，便有可能被失手做成一剂毁灭味觉的黑暗料理；当然，从另一个层面来理解，就如烹饪大师阿德里亚所说："没有不对的食物，只有不对的人。"

在王荣法羊锅店，吃完一盘冷板羊肉，我便已经笃定，算是在对的地点，遇上了对的人：奶白色的羊脂甘香油嫩，像在口腔里绽开了一朵朵小油花，让瘦肉也蘸上了荤气；甚至坚韧的羊皮也被炖煮出了软糯的口感，它是最好的胶原蛋白补充剂之一。

"仓前的羊锅，吃的是本味，不像别的菜系，川菜、湘菜，靠的是香料、麻辣之味遮盖本味。羊肉，关键得吃出本身的鲜香和甘甜，比如一只羊后腿，能分出五至七个部位，每个部位的味道都不一样，这就是所谓'越简单的东西，滋味越是纯正、地道'，"手里抱着一壶浓浓的野菊花茶，王荣法优哉游哉地告诉我，"你刚才吃的冷板羊肉，算掏羊锅中的一个品种。羊锅要用老汤慢火炖煮四五个小时，皮肉酥烂软绵，香味浓郁不腥，肉形不散，但入口即化！"

尽管还未到大雪时节，无风雪也无霜，但仅仅就着习习秋风，边吃边聊，我已能够想象诸如"踏雪寻肉"那般的畅快：一锅仓前羊肉，就如同一位技术高超的魔术师，未见道具，却已轻轻巧巧地在一个激灵间打通人的任督二脉，将寒冬的冷冽驱逐至体外，也让全身经络疏通开来。

这种通透感，须本地化的表达才最到位——杭州话称之为"服帖"，表达的是身心两悦之后，对一道美食的心服与口服。这轻浅两字，就将食物的美味以及慰藉人心的舒畅，淋漓尽致地概括出来，仿若一幅江南才子的山水画，一勾一画，轮廓已出，究其个中滋味，又留给个体足够的想象空间。

而看上去朴素的冷板羊肉，功夫都在看不见之处。王荣法六十四岁，经营羊锅近三十年，其遵循的就是"掏羊锅哲学"：质朴，诚恳，料足。

他说自己没有什么秘制的调料，也没有什么特别的技巧，做羊锅须选用两岁的母山羊，体重四十斤左右，毛长在两至三厘米，其他的一概不要。爱做运动的山羊，肌肉自然特别紧实。

羊肉处理完下锅之后，除了准备香料之外，锅上还会放上竹算子，再压上一块青石。这一招是为了让羊肉酥烂不散，肉质更加紧实弹韧，也能让汤水彻底浸透羊肉纤维，使肉吃起来更具饱满的口感。按照仓前当地的说法，这叫作"肉质板制"。

待锅烧开后，需要撇去浮沫和污油，羊肉煮熟后，锅中留净油封住汤面停火，三四个小时后，待汤温降至不烫手，再将羊肉捞出锅拆骨，拆完的羊肉皮朝下摊平放在盘中，冷却后再切块装盘，吃的时候甚至都无须蘸酱油或精盐，味道异常鲜美，不膻不腻。

桂皮、生姜、花椒、八角、茴香、黄酒，所用的无非一些家常调料，"味精就从来没用过"，再加上一锅老汤，好的食材已经替王荣法完成六成的工作，余下的就是掌控好放调料的比例、时机，以及火候就行了。

不过，一转头，王荣法就很诚恳地告诉我："在余杭比我好的店肯定有，但是很少，只能这样讲。"别人讲这种话时，很难不认为是在吹牛，但吃过了王荣法家的羊肉，再听这话，甚至觉得他还留了一手，是在自谦。

的确，王荣法这辈子从没偷过懒。1997年，由于所开的砖厂倒闭，为了营生，他找了仓前当地的老师傅学艺数月，再东拼西凑，凑了一千多块钱，在仓前的菜市场租了一个简陋的摊位，贩卖冷板羊肉，因为没有更多的资金，所以租不起更好的场地，全套的羊锅也只能暂且搁置一边，而如果有人提前预订，他便在家里做一整锅出来，让人品尝。

通常，深夜一两点，他和妻子便早早起床，开始在家忙着生火。寒冬时节，室外的气温往往在五六摄氏度，而土灶里桑柴老根上蹿起的红红火苗，则像是给这漆黑的寒夜施了魔法一般，让人充满能量。

羊锅，无论是做，还是吃，都堪称一项声势浩大的"工程"，"普通人家烹饪羊肉可以根据需要随时调整，但是在大锅里做羊肉，如果各种调料配比有一点差池，一整锅羊肉就算是完了，倒掉重来，成本太高，而且也来不及了"。

老余杭人把冷板羊肉亦称为"墩头羊肉",因为羊肉是放在木墩头上贩卖的。熟悉的老客来了,王荣法通常会问一句:"今朝要腱子还是腰峰?"顾客选毕,他啪啪啪斩好,如遇到口重的顾客,再搭配上一些椒盐、油辣椒即可。

货真价实,自然从者如云。仓前的老百姓目光如炬,对于菜场里的羊肉摊,除了王荣法的,谁都不认,厚薄肥瘦,几刀下去,就见真功力。

彼时,老余杭一带还留有冬日里吃羊肉、喝早酒的生活习惯。凌晨四五点光景,大叔大伯们睡不着觉,便赶早奔着王荣法的羊肉摊位而去,手里提溜着一瓶子烧酒,喊着"老板切盘冷板羊肉",搭点羊肝、羊肚,再在隔壁小吃档口下一碗面条,一口肉、一口面、一口酒,不用呼朋引伴,仅需三两知交,或干脆独酌。看着天光逐渐透亮,往事仿佛也像羊肉里晶莹剔透的油脂一样,凝聚,又融解消散。

可就在生意一天天好起来的时候,1999年,暴发于南方地区的一场羊瘟让市场上光顾生意者稀少,尽管王荣法想尽办法,甚至亏本经营,但吃羊肉的人仍然寥寥无几,这让王荣法再一次陷入了困境。

做还是不做?没了生意怎么办?总得要生活啊。于是,他除了继续苦撑摊位之外，还搞起了配送服务，将烹饪完成的羊锅送到指定的饭店。在生意不忙的时候，他便在家潜心于掏羊锅的进一步摸索。

后来的事实证明，王荣法的坚持是对的，凭借这一门手艺，摊位虽小，但他挣着了钱。2006年，王荣法参与并策划了第一届仓前羊锅节，结果一炮而红。2007年，他投资五万元，在自家的自建房中专门经营起掏羊锅的生意，有了一家真正属于自己的店。

全套的掏羊锅宴，仅在余杭可见。整只羊连同五脏六腑，全部放进半人高的锅里，猛火文火一顿伺候。待顾客上门了，老板王荣法好似表演杂技一般，拿出一把大铲子，站在凳子上，将铲子伸进羊锅里掏啊掏啊，老板娘则站在底下拿盆子接着……一会儿工夫，羊肉暖锅、冷板羊肉、羊血汤、羊骨头、羊脸就摆在了桌面上，成就了一桌全羊宴。

吃到尾声处，顾客们喊"老板上盘蔬菜清清口"。于是服务员拿勺子撇去暖锅中的油沫，下一把小青菜，一锅羊肉清汤里便漂浮起几丝碧绿——到底还是江南，一桌看似粗犷的全羊宴下肚后，不用清爽的蔬菜来收个尾，总归不"落胃"。

就这么一锅又一锅，一盘又一盘，一批又一批，最忙的时候，王荣法的羊锅店一天要烹制四十多只羊，招待一百多桌客人。客人们满嘴是肉，交口称赞，热闹非常。当夜幕渐深，人流渐渐稀疏，几大锅羊肉也所剩无几。

"那些年，生意挡都挡不住"，王荣法又出资十四万元，修了一条从文一西路到自家门口的小路，"生意好的时候，一里多的路，全用来停车了"。当然，那时候，也有人拉他去做更大的生意，有人想投钱给他，更有老板提出优渥的条件，只要他肯负责厨房，便会给他股份。

"有时候闲下来，我也会想，假如当时自己对那些更宏大的生意计划动了心，现在会是何种光景。"

会更好，还是会一败涂地？年轻的时候不冒险，是正确的选择吗？不过，这些年风风雨雨看下来，他愈发觉得自己的选择没什么不好，冒大风险去开很多连锁店，有赌的成分。"挣钱也是为了家庭幸福，我感觉一个人就像如今这样，一辈子只做好一件事就好了。"

他确实已经在能力范围内用尽全力，比如这掏羊锅，一做就是二十余年。

如今，店里装羊肉的大锅每天要烧七锅，一天下来能卖出四百多斤羊肉。王荣法做羊锅术业有专攻，这么多年攒下来的食客老饕们都是服帖的。

让王荣法最引以为傲的，便是羊肉的品质。时间流逝，最难做到的，就是风味的稳定。他对如何让客人满意得心应手，往往客人来过一次，就能成为常客。一道菜下没下功夫，且下了多少功夫，味蕾会给人一个明确的答案。

羊锅店的老顾客当中，甚至有不少是来自杭州之外的。无论多冷的天，羊锅总是温热的，不烫口却足以暖胃暖心。这都是他们专程跑到这里吃一顿的理由。最夸张的一年，一位上海客人带着不同的朋友，总共来了七八趟，"就像回家一样"。

组上七八个人，掏上一回羊锅，再去超山风景区赏一番"十里梅花香雪海"，在上海的"吃货群"里，这算是一条靠谱的路线。恰如一位上海老食客所说，一个远离市中心的餐馆，竟然还挺有腔调，为了风景而来，结果胃也没闲着，这样的杭州行，"老嗲了"。

而类似这种老客人，王荣法甚至只需看一眼点菜单，大概就能知道是谁来了。点菜单上出现"多加香菜、葱花"，或许就是家住城北的老陈，他将这里当食堂，不时会带几个朋友过来；冷板羊肉总点"多带皮"部位的，是个温州人，四十多岁，两个女儿喜欢韧劲十足的口感；点羊肠、羊脖这一套内外组合的家伙，大概率是旁边的家居店老板。

报社与电视台的美食记者也常来采访或拍节目。有一回，几位报社记者突然跑来，说要拍点片段做成视频，放在新媒体平台上播放。而拍的时候，这些记者才发现和王老板打了这么多年交道，居然是"灯下黑"。别看王荣法朴实无华，貌不惊人，普通话也算不上标准，但声音洪亮，上镜效果很好，最关键的是富有感染力，在厨房之中劲头十足，围着煮肉大铁锅转时，有种奕奕神采之感。在旁人看来，这是一种不亚于吃肉的享受。

不过，最让王荣法得意的一个评价，来自一位大学教授。有一天，店里突然来了两桌大学生。他们之所以来，是因为课堂上教授说，杭州有几个必去之地：一是大马弄，那里充满了这座城市最旺盛的生命力；再有一个是余杭仓前的王荣法羊锅店，这个不用多说，去吃了就知道……

大马弄距离王荣法的羊锅店将近三十公里，它可不是一条普通的弄堂，在南宋时，朝廷最接地气的几个部门都设立在大马弄：马车司、司农寺、将作监，分别掌管车马通行、粮食积储、金玉珠宝制作等。如今，这里有一个原生态的菜场，拐进大马弄，浓浓的市井味也随着软软的"杭普话"扑面而来。

一家小餐馆能与一片烟火繁盛之地处于同等地位，王荣法倍感荣幸。

比起同期开餐馆的老板，王荣法的优势是经验和品控。很多厨师开餐馆，做几年就变成了纯粹的老板，请人来掌勺，在菜品质量上则当了"撒手掌柜"。开了二十余年的羊锅店，王荣法如今依旧会一头扎进后厨，哪怕不亲自动手，也要里里外外、仔仔细细地查看一番，他说主要原因是他对烧菜这个事有热情，"如果自己不懂厨房，命运就掌握在别人手里"。

在他脸上，我的确看到了一种享受工作的状态。

不见得每一位来店里掏羊锅的顾客都会找他攀谈，但只凭麻利的动作和爽朗的笑容，王荣法就会让人感受到一种特别的魅力。

而客人多的时候，他会很长时间静静地站在切冷板羊肉的木墩头前。尽管经营的并非高档餐馆，但他对每一片肉的外形都有要求。他会向切肉的小师傅不时交代几句，要求小师傅先削掉羊肉块边缘不整齐的部分，再分成条状，一片一片切成薄薄的略微透明的薄片，整整齐齐地装盘，做好这样简单的重复性工作，会让他面露满意的表情。

如今，他每天夜里十二点睡，早上七点起床，几乎一整天都会在店里忙碌。往往只有夜深之后，他才会给自己慢慢地倒上一杯老酒，一边喝一边吃着店里的羊肉和小菜，享受难得的闲暇时光，"现在年纪大了，不然一顿能喝三四杯。不过昨天喝得多了一点，是在朋友那里喝茅台"。

这么多年来，支撑王荣法的除了尚算可观的收入、忠实的老顾客，还有一系列荣誉，央视农业农村频道《致富经》栏目曾给他做过一期时长二十分钟的专题报道。他还凭借这一门掏羊锅手艺被认定为余杭区非物质文化遗产的代表性传承人。这排面，真的大。

吃完羊锅宴，我和他坐在餐馆门外，聊起当年的种种细节，王荣法兴奋地把半支烟都给扔了。

如果以一个餐厅主理人的标准来看，他该烦的事情应该有很多。比如儿子能不能及时顶上自己的班；比如余杭老城区街道将改造焕新，店面或许即将搬迁易址……但仓前掏羊锅持续多年的火爆，能保证全家人衣食无忧，他对此已经很满足了。

每天穿着衬衣、西裤，在店里从早忙到晚，在他看来，是一种属于当下的幸福，就像当年握着铁铲给顾客们掏羊肉时一样，那种内心踏实的感觉，一直都在。

冬至

她的名字叫红

周华诚

　　朱砂经过研磨，显出鲜艳的红色质地。随着不断的研磨，朱砂变得越来越细。然后再加入清水，随着砵中水流的旋转，朱砂开始逐渐沉淀下来，越细的部分越轻，也就越晚沉淀，悬在上面的橘红色部分被称为朱磦。

一

院墙边的两棵桃树的树叶已经落光了。

看到手机上的日历显示今天是冬至，曹勤才猛然意识到，现在真的是冬天了。冬至是北半球黑夜最长的一天，老底子里，杭州人是比较讲究的，冬至这天要吃饺子，吃汤圆，喝羊肉汤。

"冬至也是北半球白天最短的一天，这是在提醒大家要珍惜时间啊。"

在曹勤的西泠印泥工作室，两位工人一边聊着家常，一边坐在桌前耐心地清理一堆絮状物。这是艾绒，就是艾叶经过一道道手工工序处理后，得到的棉绒状纤维。

这是制作西泠印泥的重要一步。

工人慢条斯理地清理着，把艾绒分出长短两堆来，半天过去，也只是清理出巴掌大的那么一小团。

"都是费眼睛的活儿啦！只有把一条条纤维清理出来，去除杂质，这样做进印泥里，印泥才会纯净。"艾绒的纤维就是印泥里的"筋骨"。

现在的很多人对印泥已经没有什么特殊印象了。这年头，普通人用印的机会的确是越来越少了。或许只有在签合同的时候，才会用印泥盖章或按手印，但所用的印泥，基本上就是文具店里能买到的廉价红色海绵垫。

但还有一种印泥，稀少，贵重，纯手工制成，可谓"一两黄金一两泥"。

曹勤，就是"印泥大师"，他是西泠印社古法手工印泥制作技艺传承人。经他的手制作出来的西泠印泥，是金石篆刻艺术的载体，与西泠印社的篆刻创作、手拓印谱一起被奉为"印林至宝"。可以说，书画家、篆刻家们最喜欢用的印泥，基本上是由曹勤亲手制作的西泠印泥。

曹勤做印泥，可以说是做了一辈子。

史书上记载，中国的印泥已有两千多年的历史，早在春秋秦汉时期就有使用。印泥的前身是泥封。它发端于宫廷，作用是防止他人私拆文书，后来慢慢流入民间。

西泠印泥，创始于清光绪二十九年（1903），由西泠印社创始人王福庵、叶为铭、丁辅之三大长老共同研制而成，以王福庵为代表，主要用于篆刻、书画印章等。后来，经西泠印社总干事韩登安先生及韩君佐夫妇等人研发改进，西泠印泥深受篆刻家、书画家喜爱。

作为印文化的分支，印泥同印章、金石篆刻的发展密不可分。在不同的历史时期，印章的材质、外观、用途、篆刻形式都不尽相同，而这种差异就决定了印泥的材质、制作工艺和表现形式也有差别。

手工制作的西泠印泥色泽古雅，质地细腻，夏不渗油，冬不凝固，浸水不褪，钤出的印文清晰传神，在国内外久负盛名，也受到艺林名士的认可，成为书画印泥的典型代表。西泠印泥制作技艺也被列入浙江省"非遗"名录。

二

"西泠印泥最主要的原材料有三种，艾叶、蓖麻油、朱砂。"

制作印泥为什么要用艾叶呢？

曹勤说，由艾叶加工后得到的艾绒的纤维最好，其他如棉、蚕、丝、藕丝、树皮、树皮浆等，在耐久性、吸附性等方面都不及艾绒。

这种艾绒的原料，就特别讲究。河南汤阴产的叫北艾，浙江四明产的叫海艾，湖北蕲春产的叫蕲艾。

理艾的方法，首先是要摘去梗蒂，用筛子筛掉碎屑，专留下艾叶；然后用棕绷搓揉去掉表皮；再用乳钵磨研，以防止余衣尚未褪尽；再用小绷弓弹打，将剩余的艾叶筋络弹去；然后，用石灰浸泡七八天；之后，另换清水，微火煎煮一天一夜，连续换水，直到黄水变成清水，再令艾叶干透。

此时，再筛、再弹，艾叶里的黑心就可以全部去尽。

如此大费周章，所得也就甚少。

大约一斤艾叶原料，最后仅能得到艾绒三到四钱。

听一听是不是就已经晕了？原来印泥里光是艾绒这一种原料的处理就这么复杂。

"天然植物蓖麻油，要经过五至二十年的天然氧化和提炼；上好的艾叶，要经过诸多工序制成艾绒；朱砂呢，要经过传统的水漂法提炼而成。"

印泥质量好坏，主要取决于颜料和蓖麻油的质量。印泥中的颜料，以天然朱砂为最优。

朱砂的主要成分硫化汞，是一种红色的无机颜料，化学性质稳定，耐水，耐光，耐热，耐酸，耐碱，正因为这样，在古代常被作为颜料使用，所谓的"朱笔"沾的就是朱砂。

西泠印泥用的朱砂，分豆瓣沙、六角沙等好几个档次。朱砂这名字真是美好。张爱玲在小说中有"朱砂痣"与"白月光"的对照，京剧名家谭富英也有一部代表剧目《朱砂痣》，"父子重把菱花照。只怕相逢在梦中"。

朱砂这个东西，越是好的原料，碾磨时越不会起灰。随着岁月流逝，一些老朱砂矿没了，只能用一些替代品，因此在选择原料时，第一要务就是质量。

曹勤的工作台上，摆满了各种各样的工具，其中有几个是老石臼，曹勤说这就是"衣钵"，是从师傅那里传下来的。

其中一个石臼，就是用来捣朱砂的。

他一边说一边给我们做示范，朱砂经过研磨，显出鲜艳的红色质地。随着不断的研磨，朱砂变得越来越细。然后再加入清水，随着砵中水流的旋转，朱砂开始逐渐沉淀下来，越细的部分越轻，也就越晚沉淀，悬在上面的橘红色部分被称为朱磦。

制印泥还要用油。西泠印泥用的是陈年的蓖麻油。蓖麻油是不干性油，较厚重，好处是着纸不渗。

蓖麻油、艾绒、朱砂三者调配好，不断地在石臼里捶打，这个过程就像"打年糕"一样，直到打出像年糕一样的韧性。等到印泥可以拉出一尺到两尺的长度时，可千万不能剪断，因为印泥中都是纤维，一剪断，印泥的品质就下降了。

一盒上好的印泥，大约需要上千道的工序、上万次的手工制作。

好印泥制成后，用一两黄金换取一两印泥并不是稀罕事。

做好的印泥装入缸后，上面要覆盖一层金属箔，很多时候盖的是24K纯金金箔，由此可见印泥的珍贵。制作印泥的整个过程，都需要制作者真正"将心注入"。

坚守着印泥制作这门手艺，曹勤也慢慢地把自己修炼成一个安静的人——他平时就在工作室里，写字，画画，制作印泥。

比如冬至这天，他想试试制作一幅九九消寒图。

这是一个中国传统小游戏。会画画的人，在冬至日，画上素梅一枝，画上花瓣八十一瓣，每日用红色染上一瓣，花瓣染尽而九九出，这时候已是春深了。还有一种玩法，是准备一幅双钩描红书法，上书繁体字的"庭前垂柳珍重待春风"九字，每字九画，共八十一画。从冬至开始，每天按笔画顺序填充一个笔画，每过一九，填充好一个字。九九之后，春回大地，一幅"九九消寒图"便大功告成。

做这件事情的时候，人就好像依然生活在古老而悠久的唐宋时代。

三

曹勤从小是伴着孤山，和西泠印社一起长大的。

因为曹勤的父亲曾在西泠印社工作，所以对于曹勤来说，西泠印社就像是家一样的存在。他说自己从懂事起，就一直和西泠印社的那一批老先生在一起，所以对西泠印社一直有深厚的情结。

在这样的文化氛围里成长起来的曹勤，很早就接触到了篆刻艺术。对于如何鉴定印章、印石的好坏等，他耳濡目染，不断学习，这也为他之后从事印泥制作工作打下了基础。

同时，他也经常接触学术交流、裱画、文物收购等，虽然懵懵懂懂，但他就是喜欢在旁边看。老先生鉴定字画，他也会去听一下，听一下他们口中的笔墨、笔法、意境，算是启蒙教育。

西泠印社"保存金石，研究印学"的一百年里，西泠印泥制作的先辈们在拓制大量印谱的过程中，早已经将印泥提升成为"传达印章艺术的媒介物"。

20世纪70年代初，"西泠印社"的牌子又重新挂在了西湖孤山路的西泠桥畔，这是继1957年之后，西泠印社史上的第二次恢复。

到了20世纪80年代，一大批年轻人进入西泠印社，弘扬、发展传统文化，由此，沉寂多年的西泠印社朝气蓬勃了起来。在那一批年轻人中，就有曹勤。

除了印泥制作、印谱拓制，还有裱画、碑铭文的拓碑技艺等，这些都是西泠印社在1978年之后陆续恢复的。那时候，进入西泠印社的年轻人，有众多可以选择的学习门类：金石篆刻、书法、字画鉴定、裱制等。

而曹勤选择了金石篆刻这一他从小耳濡目染、扎根于心的技艺。

当时篆刻组的导师茅大容先生，亲自传授他篆刻书法及印泥制作的技艺。茅老师教导他："篆刻家很多，人人都是篆刻家。印泥谁来做？总要有人来做。"

制作印泥，又脏又累，能坚持的人少之又少。与当时一起学习的其他人相比，曹勤展现出相当的热忱和执着的态度。

印泥制作专业性强，没有十年八年做不好。如果自己不做，就真的没有人做了，甚至西泠印泥传承的脉系就会断掉。茅先生在移居香港之前，跟曹勤说过一句话："印泥我只传给你一个人了。"

由此，曹勤心中有了一份担当，他需要保护和传承好西泠印泥。

曹勤接过"西泠印泥"的牌子后，就再没放下过。

四

杭州的冬天还是很寒冷的。冬至以后，每一天都是阴冷相伴。

一九二九不出手，三九四九冰上走，五九六九，沿河看柳，七九河开，八九燕来，九九加一九，耕牛遍地走。

这首数九的童谣，就是从寒冷的冬天开始，一直数到春暖花开。

其实印泥的事业也是如此，在漫长的时光里都是非常寂宽的，需要极大的耐心才能坚持下来。这种坚持，是内心里始终装着一个繁花盛开的春天。

而对于曹勤，任何事情做到最后，都是自我的修行。

当年祖师爷为制作上等印泥，不计成本，从云南、湖南，甚至俄罗斯等地挖掘最好的朱砂矿。现在天然的朱砂越来越罕见，但是曹勤依然坚持用最好的原料。

艾草，他选用野生的单瓣艾草，有别于常见的五月艾，单瓣艾草质地坚韧，茎叶粗壮，所制艾绒对印泥有着明显的凝固作用。

跟金石篆刻比起来，制作印泥看起来就像是"雕虫小技"。其实内行人都知道，只有深入理解篆刻的人，才能找到好印泥的灵魂，才能真正把印泥做好。只有好的印泥，才能把篆刻的刀功本事、线条状态真实地还原出来。

每每想起茅大容先生，曹勤仍心怀感恩。先生教诲，制作印泥，必须先学金石篆刻。懂得篆刻，才有资格鉴赏印泥的优劣。也正是如此，曹勤一刀一琢先学篆刻，而后才传承了印泥制作的技艺。正是这样的教诲，让曹勤受益终身。

如今，曹勤已是西泠印泥的第四代掌门。他既是西泠印泥的传承人，也是国家级美术师、书法家、篆刻家。

　　他的日常，便是在工作室的天地里，沉浸于书画篆刻与印泥制作，似乎有忙不完的事情。

　　他想让印学这样一种中国的传统文化，为当下更多的年轻人所体验、分享。

　　比如印谱制作。

　　印谱始于宋代，最具影响力的是现藏于西泠印社的《顾氏集古印谱》。最初的印谱，只有原印的朱泥钤盖，而随着时代的发展和篆刻艺术的进步，印章的边款拓制成为印谱不可或缺的重要组成部分。拓印，就是把印章上的边款文字或图案，用纸拓制出来。

　　明清以后的印谱，有后人汇集而成的，有篆刻家亲自手订的，还有经由后人摹刻的等。传世印谱各种各样，其中最为珍贵的是原印钤盖的印谱，因其最能真实保存原作的风彩神韵。

　　考究的印谱，钤拓印面用名贵的印泥钤盖，印章边款有乌金拓、蝉翼拓，用古法连史纸或上等宣纸承印，纯手工缝订，采用蝴蝶装等装订方式，用精美的木函盛放。

　　西泠印社社藏历代印谱五百余部，是全世界藏印谱之最。

　　曹勤常在工作室里拓印和手拓印谱。每当制作出精良的印谱，无异于完成精妙的艺术品。他还编纂了西泠印社原手拓本印谱《李叔同常用印集》《吴昌硕印谱》《西泠八家印谱》《西泠印社历任社长印谱》等作品。

当下的社会节奏飞快，人们脚步匆忙，鲜有机会能停留下来细细领略方寸之间印章、印谱的艺术之美。实际上，这种艺术美的熏陶对于当下人的心灵，有着巨大的滋养作用。

"我当然也希望，能有更多的年轻人、文化人懂得印学之美。"

曹勤这一间小小的工作室，成为杭州这座城市文人雅士喜欢会聚的地方。到了暑假，也有很多中小学生来此，体验和感受传统文化之美。

这一天，金华工艺美术大师、东阳锡艺匠人卢晓侃也来拜访。二人饮茶对谈，不亦乐乎。

客人离去后，曹勤又退回书斋，在一盏台灯的聚光之中，细细抚摩一方方印痕，如入无我之境。

对他来说，冬至，也不过是一年四时里平常的一天。

印泥也好，印迹也罢，都是古今文人借以跨越时空距离，完成精神沟通的隐秘通道。曹勤独行此路，乐在其中。

和木相处的日子

孙昌建

在浙江一带，冬天还是很冷的，手缩在口袋里都不想拿出来。这时候，农民可能就在家里烤火，诗人可能就在纸上作诗，但是木匠，还得光着手，锯木推刨。

一

我一直在想，"隔壁王木匠"这个"梗"是怎么产生的，为什么不是隔壁王铁匠或王鞋匠呢？

第一，我想木匠是入室干活的，传统的木匠都是在他人家里干活，而且一做就得大半个月，铁匠和鞋匠就做不到了。第二，木匠是鲁班的传人，得有一个聪明脑子，虽然他可能没有学士或硕士文凭，但木匠特别容易获得小朋友的好感，因为他可以为小朋友做把木头手枪。第三，木匠的体力都不错，今天有了很多电动工具之后，细胳膊细腿的匠人，连工具都举不起来。

基于以上原因，民间选择了在某些语境中，木匠要挺身而出，而不是铁匠和鞋匠。正如有一段时间，"小明同学"

经常在路上捡到钱并把钱交给警察叔叔是一样的。

闲话少说，言归正传，本文要讲的是一个木匠的故事。

他名叫陈岩云，最近五到十年，他已经不出现在他人家里干活了，而常常出现在学校的课堂上。

陈岩云现在的重要身份之一是：杭州市非物质文化遗产（细木制作）代表性传承人。

陈岩云是浙江磐安人，而我一开始猜他是浙江东阳人，因为他有明显的东阳口音。不过磐安原隶属东阳，也没问题。他高中毕业后学做木匠，在东阳做了几年后，又跟人去了广东中山的家具厂做工，这样年纪轻轻就开始了打工闯荡。那时的广东不但开放，而且在那里的确比在老家一带要容易赚钱。每年年节，陈岩云都会带个几千元回家。那是在20世纪90年代的中后期。这在当时是一件很牛的事情。

但是别忘了，做木匠还是很辛苦的，一是要背井离乡，二是要让雇主满意。特别是在那个年代，大冬天大夏天的，都没有空调。在广东还可以，在浙江一带，冬天还是很冷的，手缩在口袋里都不想拿出来。这时候，农民可能就在家里烤火，诗人可能就在纸上作诗，但是木匠，还得光着手，锯木推刨。虽然木匠的活儿在诗人笔下是颇有诗意的，刨花可以像海浪一样，但真正干木匠活儿，却只有艰辛二字。

后来，老家的家具厂都改做红木家具，家具城也开了起来，陈岩云就从广东回到了老家——他也想办厂开家具城。但是，梦想很丰满，现实很骨感，折腾了一圈后，他开始"单飞"。

一开始，他到杭州西湖区的转塘一带做起了木匠，做得颇有口碑。话说回来，在杭州一带，老底子的东阳木匠是一直颇有口碑的，原因是他们的手艺好，脾气也好。东阳乃百工之乡，那里地少人多，过去人们的出路有两条，要么靠读书读出来，要么做百工走出来。百工中当年以做木匠为最高层次，在江南一带，东阳木雕之名如雷贯耳。

二

当时东阳木匠主要干两种活儿，一是给人装修房子时打家具，二是给人结婚时打家具。那时结婚，桌子、凳子、椅子，还有床，都要请木匠来打。

所谓细木制作，只是木工活儿大类中的一类。通俗地说，木工分为大木工和细木工两种，造房子、放大样等就是大木工的活儿。早期做把木手枪就是细木制作的范畴了，这里也包括做积木玩具。

陈岩云是怎么从大木工转到细木工的呢？说起来有很多原因，转塘有中国美术学院象山校区，近水楼台，因为好学善思，他也常常会去看一些美院的展览，比如传统家具与艺术品相关联的展览。

他说，这犹如给他打开了一扇窗。那个时候，他开始思考木工的出路和价值。

几千年来，木工世世代代都讲究实用，和泥工、电工一样，都是造房子时必不可少的工种。但现在他看到了另一面——木工也可以跟美术、文创结合在一起。还有个问题：老祖宗留给我们这么多好东西，怎么把这些好东西传承下去，或者说，怎么至少让木工手艺传承下去。是啊，东阳木雕、红木家具是多么精致考究，但它跟当下的生活、跟年轻人产生了距离感。这也是长期困扰陈岩云的问题。

那个时候，还没有宋韵的概念。但宋风家具，已经出现在杭州的茶肆酒楼和展陈场所里。市场有需求，陈岩云便开始转型做这一类的物件。除此之外，他也做宋韵生活中的其他物件，比如清供、香盒等，一时也颇受欢迎。不过，他很快发现，市场上的仿制品实在太厉害了，他做一只香盒，售价一百元，人家却卖八十元，那还怎么做呢？

路还得继续走，后来，陈岩云转场中小学课堂。这跟他作为父亲的身份分不开。陈岩云在接受记者的采访时曾经说过："那时，我的孩子在求是小学上学。有一次，我和校长交流，说希望把传统木工文化带入课堂，让学生有机会了解木工'非遗'文化。"这一想法的提出，当场就得到了校长的认同和积极响应。很快，学校专门开设了一个木工课堂，由陈岩云为孩子们免费教学。

现在，学校里的木工课堂，听上去好像很新鲜，但说起来，在杭州的教育史上，一百多年前就有类似的课程——劳技课或手工课。比如培养小学教师的百年学校——浙江省立第一师范学校，著名的弘一法师李叔同曾在此任教。很多人不知道，李叔同的好友兼同事姜丹书，是这所学校的美术兼手工老师。据记载，当时的美术手工课，一部分内容就是木工，但结构多取材于传统建筑里的榫卯结构，材料是来自日本的舶来品。

让木工进入课堂，纯属偶然。但真正进入后，陈岩云才发现，这是一个广阔的世界。小朋友的求知欲广阔无垠。在家时，陈岩云只教自己的孩子，现在，是几十双眼睛，学生的、老师的、家长的，都盯着自己。陈岩云特别难忘第一次走进课堂的情形，当时他紧张得连一句话都说不出。好在手里拿着老祖宗赏给他的工具，他打开了话匣子。

细木制作课有时是上大课，不过更多的时候是小课堂式教学，需要手把手地教学生。有时候，家长或老师也会在课堂上。比如，有的同学想做一副衣架，有时可以独立完成，有时需要在家长的帮助下完成。有的家长有耐心，有的比较急躁，这个时候，陈岩云就要扮演一位指导者，不仅在技术细节上进行指导，也在心理上给予辅导。

做老师真是不容易啊！

木匠从来都是默默做事。但课堂上的他，却能感受到一种被需要的成就感，受到他人的尊重、景仰。在民间，木匠被唤作师傅，在课堂上，则被唤作老师。

老话讲，师傅领进门，修行靠个人。但老师这个角色一方面需要手把手地教学，另一方面要替每一位学生着想，且设身处地着想。每当小朋友做好一件细木活儿高兴地交给他"验收"时，他不仅能感受到小朋友的快乐，也能感受到家长的自豪、欣慰。

陈岩云是个善于总结和思考的人，他说："木工课程本身就是一门综合性课程，它的起源是文化，是历史，它的原理是科学，它的方法是数学，它的作用是回归生活。"

三

渐渐地，陈岩云的木工课堂陆陆续续地进入了杭州的一些中小学，如杭州市行知小学、杭州市行知第二小学、杭州市浙江大学附属小学、杭州市文新小学、浙江工业大学附属实验学校等。

在杭州市行知第二小学，不仅仅是细木制作，包括竹编、金工、杭帮菜烹饪等在内的六十九种手工艺都进入了课堂。每一个学期，学生集中两天时间学习手工艺，一天学四项。从一年级到六年级的十二个学期，学生要学完九十六项，被称为"新时代新百工"。

什么叫传承？真正的传承就是在小朋友的手里传承下去。

不仅如此，陈岩云还曾在杭州市西湖职业高级中学以校企合作的方式开设木工学院，请来了浙江大学博士生导师、浙江省教育科学研究院原院长方展画。方展画立足于木工学院课程的开发和建设，从教学目标、教学方式、课程评价、教师发展等方面对学院的发展提出了有针对性的指导和建议，还结合"全课程"教育理念，提出了以木工为载体，进行跨学科课程整合的观点。陈岩云说这让他深受启发，特别是方展画提倡学生"做中学"的观点，引发了他深深的思考。

这些年，陈岩云跟学校的合作模式也在不断升级换代。一开始，他亲自给学生上课，现在变成了给学校提供教具。如今，他跟全省的一百多所小学都有合作，大大拓展了细木制作的课堂。如果说"非遗"有传承，那么这就是极好的传承。

教具的木工制作包里装有最常见的工具，如榔头、斧子、刨子、锯等，专为青少年定制。其实普通家庭备有一套这样的工具，也挺有实用价值，足够应对一般的小修小补。不少国外家庭也备有类似的电工包、木工包，因为过日子从某种程度上来说就是修修补补，不可能一出问题就叫物业，能够自己动手，岂不更好？

现在的陈岩云已为自己的公司注册了"老底子"品牌。"老底子"不但有"非遗"和怀旧，还有传承和创新。现在，全省已有上百所学校使用"老底子"细木制作教具，陈岩云把制作教具手工包的工厂设在余杭的长乐林场，相关的教案则委托杭州师范大学的专业人士负责编写。

宋韵之路，也从最初的形制开始变得更加宽阔，宋韵是一种文化，也是一种生活。2022年7月，由杭州市文化广电旅游局组织的宋韵体验活动，邀请了陈岩云分享细木制作中的榫卯结构——中国传统建筑、家具及其他木制器械的主要结构方式。

两根细木条，可以构成一个坚固的结，当三根、四根加入之后，就可以撑起一个屋顶。这样的一个屋顶，关键之处在于榫卯结构。从文化元素上讲，榫卯蕴含了传统文化中的阴阳关系。活动中，陈岩云从两根细木说起，用通俗易懂的语言普及了原本深奥的营造法式。这时候的陈岩云，已然成了经验老到的教师。

陈岩云的工作室位于三墩兰里景区。一旁，有少年军校，有手工课堂教学楼……他说，抢占先机啊，在兰里办起"西湖匠人村"，把手艺人集合在一起。当然，这才刚起步，要真正地做起来还有很长的路要走。

要使一个木构做得好，从第一个榫头开始便要精准计算。这些年，陈岩云好像也从木作中悟出了点什么。要细心，要有智慧和巧劲，就和教小朋友一样。而木作的服服帖帖里，是匠人变得服服帖帖的性格。

故事和酒，杜姑娘都有

周宇皓

在一年中最需要粮食的时节，能有余粮来制酒，是一种奢侈，这种奢侈在仪式中被凝练成一点一滴。到了大寒时节，岁有大寒知，杯酒暖心怀，围炉煮酒，严寒之中，酒陪伴人们走到了岁末。

一

　　杜姑娘的家，在余杭下辖的农村里，村子宽而踏实，在江南多山的丘陵地区，很难得地可以一眼看到天边。田地和粮食在这里都是眼前的东西，一块又一块地铺开。

　　脱离了城市里一天二十四小时连轴转的空调，很多东西在这里变得分外真实。比如节气，它们不再是手机里和电脑上的知识，而是实实在在从脚底传来的触感。这些完全服务于粮食种植的符号与生产联系得太紧密了，一旦脱离了田间泥水，它们会变得苍白而单薄，以致我们居然能如此习以为常地忽略这样一条纽带——在这条绵延了千年的文明巨龙上，其实很难再寻觅到一条从头至尾的纽带，语言、社会构成甚至吃食虽已发生了天翻地覆的变化，但在那个披发左衽的开端，那些早已模糊在时间彼岸的祖先，与我们使用相同的名为"节气"的工具，在指导生产。粮食，跨越时间，跨越空间，将我们维系在一起。

而和粮食一样古老的，是酒。

一年中，粮食的开端是春分，而酒的开端是冬至。冬至这天先浸米，泡一个晚上；然后蒸，接着拿出来摊开、放凉，拌入自家做的酒曲；然后入缸，中间要留个孔；最后则是无氧发酵和有氧发酵，制成陈酿。杜姑娘站在她的大灶前介绍着制酒的步骤，有一种在熟练中蒸馏出来的漫不经心。选择冬至是因为气温低，发酵环境比较稳定。一如从祖辈，到爷爷，再到父亲，漫长的时间精炼出高效而简单的制酒步骤，这些步骤最后慢慢变成了仪式。

在一年中最需要粮食的时节，能有余粮来制酒，是一种奢侈，这种奢侈在仪式中被凝练成一点一滴。到了大寒时节，岁有大寒知，杯酒暖心怀，围炉煮酒，严寒之中，酒陪伴人们走到了岁末。

二

最开始，家家户户都自己种地，有余粮，所以做酒活儿都在自家进行，那时候女人做得多。但是后来人们都出去打工挣钱了，于是全村的酒就靠几个酒匠来做了，做酒变成了体力活。杜姑娘看着家门口那一排大缸，回忆着。那些大缸有四百斤的容量，一人多高，整齐地排列在通往杜姑娘家的小路的旁边，沉重而敦实，仿佛是指引历史一路走来的路标。

继承家里的手艺最难的其实是搞懂为什么，杜姑娘看着墙上的证书回顾自己的起点，她爸爸只知道步骤，但是不懂背后的原理，所以制酒、品酒、化学知识她都要学一点。她没有提到自己为什么决定进入这个行业，但有些初心就是如此，没有精彩的故事，没有挣扎和哲思，就好像清晨和煦的阳光打在脸上，人从舒适的床上醒来，寻思该吃点儿早饭了，只是自然而然。

其实制酒和做菜是一样的，杜姑娘掀起门帘进入她的制酒间。生活和实用的气息漂浮在整洁的大吧台上，除了没有灶台之外，这里真的就只是一间大厨房了。"酒曲、粮食，还有一点点的小心思，"杜姑娘一边说一边在一臂的范围内娴熟地找出需要的东西，"只是做菜你立刻能够吃到，而制酒需要时间，很多很多的时间。"

　　杜姑娘摆出一个小瓷盅，里面淡粉色的液体小小一窝。"刚做的杨梅酒，"她介绍道，"对于不喝酒的人来说，白酒度数太高，黄酒的口感又不太容易接受，而糯米和酒曲加上一点点的甜味总是更易入口的。"她慢慢地转动手中那个四升的大瓶子里的杨梅酒，看着，回忆。她说自己刚做这行那会儿，就喜欢到处逛，有酒的地方就去遛一遛。因为做的酒大类上属于生酒，她就去日本看了一圈。上飞机的时候，她甚至没订酒店，过海关之前要填申报单，要写住址，她就从隔壁队伍里抄了一个。落地之后先没管酒店，直接搜酒厂，一家一家全都跑了个遍。

　　杜姑娘把杨梅酒放回冰箱，再取出一个大瓶，在另一只迷你小茶碗的绿底子上注入一小泓米白色液体。"甜酒酿，"她比着介绍了一下，然后继续说，"大概半个多月吧，我把名古屋、福冈、鹿儿岛、京都和大阪都走了一圈。都是挨个搜酒厂，直接找上门去问。"其实她基本不会说日语，都是靠翻译软件和手势比画。有很多制酒厂完全不让参观，但也有很多是很乐意开放并让人参观的，甚至还有专门的标准化参观流程。她在小林酒造参观了果酱酒制酒间，在江井造酒厂参加了传统的清酒酒会。但印象最深的，却是大阪酒厂边上的一家豆浆店。

她把那一大瓶甜酒酿放回冰箱，脸上泛起一点点笑，像是甜酒酿里一丝一丝的甜。"其实最初是被他家边上的水沟吸引的，因为做豆浆和制酒一样，稍不注意就容易把水弄脏，但是他家边上水沟里的水非常清澈，于是我就想进去喝一杯。结果，豆浆是真的好喝，醇厚而干净，平衡得很棒，我忍不住想，如果我能将豆浆做到这种程度，干脆就不做酒了。老板还让我看了后厨，老旧但是真的很整洁。我之前去过东南亚，看到当地人在一个脏兮兮的塑料桶里半酿半拌的，甚至有顾客直接插个吸管在桶里喝。对比之下，我真的……"杜姑娘说着，绝望地翻了翻白眼。

其实，杜姑娘的制酒间和她手机照片里豆浆店的后厨很像，除了设备的不同之外，也许最大的不同就是时间本身。等到杜姑娘到了和照片里豆浆店店主一样岁数的时候，制酒间也许就变成了与豆浆店差不多的状态。又或许这碗小小的甜酒酿也是如此，酒曲、粮食、人生的一点点甜与快乐，然后就是时间，很多很多的时间。

接着，杜姑娘没有再打开冰箱，而是转向身后满满一墙的坛坛罐罐。小茶碗被换成了一个绿色的小杯，一小捧沉稳凝练的棕色液体稳稳当当地卧在杯底。杜姑娘说这是一种加了花的酒，口感质朴又有冲击力，感觉就像在厨房里滑了一跤，被各种瓶瓶罐罐里的调味品淋了一头一脸。"像酱油又像醋，是吧?"杜姑娘笑问。其实酒也好，酱油、醋也罢，都是一样的，只是粮食搭配了不同的"酒曲"而已。她拂过身后那一排一臂高的大瓶子，里面都是棕色的液体，正面贴着的菱形红纸上写着名字。棕色是自然界中较稳定的颜色，即使是刚才杨梅酒的那种清亮的淡紫色，都会慢慢变黄，然后醇化成这样的棕色。这是一个很奇妙的过程，并不是单纯地加一些香的、甜的东西进去，就会变成香的、甜的酒，有时甚至会反过来。

三

　　杜姑娘指指隔壁的木门，说自己爸爸以前身体还硬朗的时候，她在河坊街有个小小的店铺。当然临街的店铺租金还是太贵了，她的小铺子在背街小巷的二楼，是一方自己的小天地。杜姑娘把玩着手中的杯子，眼里有温暖的涟漪，但很快就扩散开来："有段时间客人总是问啤酒，我就上网买了一箱，进口的牌子，店家发过来的时候没有给我贴进口标签，结果十瓶啤酒罚了三万元。"她放下杯子。这就是人生，就像酿酒，粮食、酒曲、时间缺一不可。人要用他全部的人生去制酒，才能调配出不同的风味。

"其实有时候也想快一点，简单一点。像1995年之后的一段时间里，粮食紧缺，不少人就开始不用纯粮食酿酒了，毕竟人自己吃都不够了嘛。那之后很多人制酒都会用一些食用酒精进行勾兑，其实风味也没那么大变化，只是加了食用酒精之后，这酒就不会变了，放多少年都是一样的。而纯粮食酿造的酒，是会醇化的。因为我自己需要买酒的时候，每次都忍不住买1995年之前酿造的，所以想想我也就一直保持初心，'挣扎'下来了。"

仿佛呼应了这个总结，杜姑娘拿出了今天最后一个浅色的小碟子，倒上宛如白开水般透明的酒。入口像是一阵清风，然后带着暖意的后劲才慢慢自胃中升起。这是蒸馏过的酒，二十来度，对于平时不喝酒的人来说已经是很"有酒味"的酒了。杜姑娘看着自己制酒间墙上的挂画，说："'杜姑娘'是我自己创立的品牌，开始我做甜酒酿，然后又酿一些花酒，现在着手做一些利口酒。这何尝不是我对自己'蒸馏'的一个过程呢？"

希望将来她能够做得更好吧，最后一口酒，敬明天的希望。

回到杜姑娘家的前院，天空下起了雷阵雨，两只猫为了避雨，卧在门前的棚子下面，一黑一橘，体型勉强大过一巴掌。它们倒也不怕人，我挠挠它们的头，它们还会发出打呼噜一般的声响并贴上来蹭裤腿。在雨水的缝隙间，风带来了田地的味道。思绪在风中翻腾，又被雨水带着踩到地面上。

猫猫们一边享受着挠头，一边又探头探脑地嗅着我的手指，于是我突然领悟，是因手上还留着酒的余香。不知道作为杜姑娘家的猫，它们是不是怀念这个味道。也许是怀念的吧，毕竟，到下一个冬至，还有好久。

导演手札

那些遥远的亲近

20世纪80年代初，一个燥热的酷暑夜，产房里传出响亮的啼哭声，坐在产房外的一对老年夫妇喜上眉梢。

老太太身材瘦小，很精干，微卷的短发整齐地别在耳后，听到啼哭后，她兴奋地想往产房里钻。旁边的老头儿不紧不慢地站起身，拍拍老太太的肩，微噘的嘴唇可以感受到他在强压自己内心的欢愉，说道："甭急，声音嘎响，肯定是个姑娘！""吱呀"一声，产房的门被护士推开，她一边擦着满头大汗，一边向产房外的二老喊道："七斤四两！母女平安！"

没错，这大胖闺女就是我，不秀气、不温婉、不纤弱，可我确实是土生土长的杭州人。在产房外翘首盼望的，正是我这辈子任何时候想起都会热泪盈眶的外公外婆。他们的宠溺和爱浸润着我的童年，是味道，是色彩，是无处不在的风，和四季一同烙上了关于杭州的印记，以至于我的勇敢、坚韧、善良、固执……都充满了他们的影子。

母亲因为工作常年出差在外，我一直跟着外公外婆生活，直到小学快毕业。外公外婆住的是出版社的家属院儿，我整个童年在这里度过，所有的记忆都是美好的。宽畅的院子中有葱郁的花木，对孩子们来讲，这儿就是一个玩耍的天堂。

春天的杭州从寒冷的冬日中醒来得十分突然，昨天还是寒风瑟瑟，一夜之间一切都仿佛舒展开了，春风迅速地熏梅染柳，在含苞怒放中，在氤氲温柔里，在每一场春雨、每一声惊雷中驱赶了寒意，深情满满。外婆外公的院子里有一棵大香樟树，春天到了，树木开始抽新芽，长新叶，这些嫩绿的叶子会挥发出一种叫芳香油的物质，所以阵阵清香随之而来。

香樟树的花也很有意思，呈圆锥形花序，像一把把撑开的小伞，聚拢在长长的花梗上，重重叠叠，在枝头上随风飘来荡去。只要闻到淡淡的香樟味，便能看到外婆站在树下俯身捡起一片片香樟叶，扔进脚边的竹篮里。

她习惯在黄昏时分来到树下，算是忙碌一天之后的小憩。夕阳透过斑驳的树叶洒下点点金辉，不一会儿，小竹篮就盛满了香樟叶。外婆把盛满香樟叶的小竹篮放到水池里，洗去叶子上的浮尘，然后小心翼翼地将香樟叶铺在竹匾上晒干。披上了水珠的香樟叶，在阳光的映照下，闪着金灿灿、明晃晃的亮，就像是那时候提到长大后想干什么的我眼里闪烁的充满希望的光。晒干的香樟叶，在外婆手里被轻轻揉碎，和一些我永远叫不出名字却记得住香味的草药一起做成香囊，做成小枕头。外婆说，这是安神醒脑的，这样她的"阿宝"能睡得更香。不知是外婆的草药枕头确有奇效，还是在她身边才让我睡得更沉更香。

《四时城纪——廿四节气·杭州》片中的立夏一碗热气腾腾的乌米饭，开启了杭州的夏天，但对于我来说，杭州的夏天萦绕在记忆里的，是各种各样的"味道"。老底子的杭州人最讲究"味道"二字，吃食鲜泽、色香味俱佳叫"有味道"，风光旖旎、堆荫叠翠叫"有味道"，艺术造诣深厚、曲韵悠长叫"有味道"，人品好、气质佳、率真风趣也叫"有味道"。

我的外公就是一位"有味道"的"杭州通"。外公虽只念了几年私塾，却是我所有关于杭州人文知识的来源和日后创作的启蒙者。我虽不爱午睡，但却异常期待童年每一个夏日的午后。吃过午饭，外婆会烧上一大桶热水，将篾席铺在房里的地板上，仔仔细细地擦上两三遍。风扇吹出徐徐凉风，一会儿就带走了篾席上潮乎乎的水汽和热烘烘的余温，变得凉爽无比。我会迫不及待地拉着外公躺下，欢腾得像一条刚从海里捞上来的鲳鱼。外公轻柔地给我搭上一块小毛巾毯，便开始天南海北地和我讲关于杭州的一切。

"我们经常去看火车的城河边，是哪里啊？"

"我晓得的！庆春门！"

那个地方我太熟悉了，外公经常带着我和表弟去附近的城河边看火车。20世纪八九十年代，那里有好多货运列车和绿皮火车经过，听到呜呜的汽笛声，外公总会捂住我的耳朵，让我别怕，他说妈妈就在那列火车上，去出差几天就回来，让我好好听话。

南方的夏天，被各种绿色包围，深绿、浅绿、薄荷绿、孔雀绿，绿皮火车在各种绿色中匍匐前进，不那么显眼。我若有所思地朝着火车开去的方向发呆，想着长大后带着外公外婆坐火车到处逛逛，可惜这已成为童年的一个遗憾。

"我们囡囡啊，很灵光，说过一次的地方就记住了！"外公拍拍我的背，继续说道，"这个庆春门，老底子其实叫东青门。几百多年以前，朱元璋手下有个叫常遇春的将军，带兵从东青门杀进了杭州城，打了胜仗，大将军想着要留名，就把东青门改名叫庆春门了。杭州的城门啊木佬佬嘞，武林门外鱼担儿，艮山门外丝篮儿，凤山门外跑马儿，清泰门外盐担儿，望江门外菜担儿……"

"还有呢？还有呢？再说啊，我还要听……"说着说着，外公累了，打起了鼾，被我一闹，他又继续开始讲，就这样重复着。夏日的午后，有蝉鸣，偶有微风拂过树叶，发出沙沙的声响，外公规律的鼾声伴着我意犹未尽银铃般的笑声，是童年最温柔的牵绊。

我一直好奇外公和外婆的肚子里怎么能装得下那么多关于杭州的"古灵精怪"：狮虎桥、凤起桥、长寿桥、小车桥、龙翔桥、众安桥、井亭桥、胜利桥……外公骑着小车带着我由北向南蜿蜒穿过整个杭州城；筒儿骨、瓢儿菜、烤儿鲞、片儿川、枣儿瓜、筒儿面……外婆挎着菜篮儿领着我穿梭过杭州的烟火江湖；梁祝化蝶、许仙与白娘子断桥相会、钱王射潮、济公运木、虎跑梦泉……外公声情并茂地和我演绎过诸多杭州传说；黄胖搡年糕——吃力不讨好、蚂蚁扛鲞头、跌煞绊倒、神扬舞蹈……外婆浅显生动地教过我杭州方言谚语，听来就蕴含了至明事理。

作为第三代杭州土著，杭州之于我，不仅仅是一个地域的代名词。它是一种"犟头倔脑"的坚持，是一种"落胃"的自洽，更是一种被戏称为"芊"的情感寄托。

廿四节气之于杭州，不是传统意义的自然节律变化，而是独属于杭州的市井记忆、人文情怀与气质腔调。所有这些关于童年杭州的声音、香气、味道都成了《四时城纪——廿四节气·杭州》里鲜活的元素，它们真实、温暖、余韵悠长。

春华夏荣，秋实冬蕴，二十四个节气，二十四种人生，杭州的四时风景和杭州人的四时故事，永远是这片土地上遥远的亲近。

陈　敏

《四时城纪——廿四节气·杭州》纪录片导演

《四时城纪——廿四节气·杭州》是我人生的礼物

和杭州初遇是在2017年春天，那时我二十二岁，来杭州参加一场考试。

那时没什么心情看风景，只觉得这里空气湿漉漉的，夜晚备考时点的杭帮菜夜宵，吃起来甜丝丝的，有些吃不惯。睡觉时，思索着这里和家乡的差异，心里慌慌的。

我既怕不能留在这里，又怕真的留在了这里。

回家又是七个小时的车程，我在列车刚刚驶离杭州时接到了学校的电话。就这样，虽然是回程的列车，但已经吹起了离乡的前奏。

时至今日，我在杭州从二十二岁走到了二十八岁。在这几年的人生里，有改不好的论文和看不懂的爱情，有难读的书，还有难赚的钱。生活喜乐参半，二十来岁的快乐和迷茫都很夸张，半颗心浮在空气中不上不下。我和几乎所有的普通青年一样，经历着人生无法开解也要努力开解的二十来岁，觉得人都一样，什么都要将就，也担忧着日子就这么一眼看到头，白瞎了离家的列车上那些自我鼓励和对未来的想象。

《四时城纪——廿四节气·杭州》是我人生的礼物，是一直温暖我的光。与别人的人生的片刻交集，与伙伴们一起赶路的日子，每每想到，我都会笑起来。

春

杭州的春意是少不了龙井茶香的，早晨五点半，采茶工们会趁着天色依稀抓紧时间上山，摄制组必须在这之前做好准备，跟着采茶工们一起去采龙井嫩叶。我和实习生小姑娘负责上山，导演在山下负责采访。

梅家坞的山不算太高，但梯田上的路都是田埂一般的小路，窄的地方只有一脚宽，被晨露浸湿后，人走快了会打滑，我第一次爬的时候摔破了一条牛仔裤。但这路，对于走惯了的茶工阿姨们来说仿佛是平地，她们套一双布鞋、戴一个斗笠，背着小筐轻快地走在朝阳里，泥土在她们的脚下变得听话了起来。在攀谈中，我得知有一位阿姨来自我的家乡，她看我的眼神更亲切了，对我的称呼从"小老师"变成了"咱姑娘"。我问她，这么远过来，每天爬这么高的山，累不累呀？她说以前累，但是现在不累了，儿子考上了公务员，她松了好大一口气，现在出来就是找点事情做，认识点朋友，看看风景，很开心。

实习生没有这么早起床干过体力活，上山之前多吃了一个面包，走到一半开始面色惨白，吐了出来。我说："你就在这里休息吧，等着我下山来找你。"小姑娘拄着一根捡来的木棍摇摇头，还是一步一晃悠地跟在队伍后面。

采茶的阿姨中几乎没有杭州人，她们来自天南海北，像候鸟一样随着节气迁徙。她们每年春天都来采茶，过了这个时节又四散而去。她们相遇在我们的纪录片中，相遇在片中主人公"老季"的家里，完成了杭州春天里的"一期一会"。

完成拍摄后准备下山，为了感谢阿姨们的配合，我提出帮忙运送早晨刚采下来的嫩叶，送到山下进行加工。像翡翠一般莹亮的嫩叶，沉甸甸地，散发出清爽香气，我抱在怀里小心翼翼地往山下走，我知道这是茶农们在这个春天最宝贵的礼物。

夏

我和小暑篇素材里的主人公小鱼儿认识于一场没开成的健身课。之前我们没见过面，她打来电话通知我课程因为没有凑够人数，所以暂时取消。挂掉电话后，我通过课程App打开小鱼儿的主页，照片里她留着短短的头发，穿着一件橙色背心，笑容热乎乎的，像夏天的风。

第一次见到小鱼儿时，她正在上课。透过落地窗，我可以看到她站在台子上活力四射地带领大家运动，她身穿白色卫衣和短裤，还有和照片上一模一样的笑容。结束后，我找她简单攀谈，她介绍说自己曾经当过军人，边说边把腰板儿挺得更直，汗水挂在一直笑意盈盈的脸上，让人想到荷叶上的露珠。交流结束后，她追来问："你们觉得我能代表小暑吗？"我说："在我们的纪录片里，你就是小暑，热乎乎的，充满希望。"外景拍摄时我不在现场，拍摄地址选在了荷塘边，负责这一集的编导丢了对讲机，但带回了很不错的素材，我欣喜地发现画面中的她和背后的荷塘真的很般配，小荷露出尖尖角，小鱼儿在岸边跑，小暑小暑，美好极了。

后来项目结束，我仍然能在朋友圈里看到她的近况，她喜欢骑自行车，并分享一些天空、日落、咖啡之类的暖暖的治愈人心的照片，她总是笑着流汗、笑着吃东西、笑着工作和生活，我偶尔刷到这些照片就会点个赞，感谢她带来的快乐，心里想着她真是个和小暑一样的人。

她还养了两只猫，一只叫卤蛋，一只是卤蛋的老婆。

秋

2021年秋天，杭州的桂花不知为何开得特别晚。满觉陇离我们办公的地方有些距离，所以在前期对接阶段，我们拜托嘉宾老师帮忙留意，如果桂花开了，千万千万告知我们来拍。嘉宾沈老师浅浅地回复了我一句："好。"

桂花迟迟不开，等待拍摄的战线越拉越长，我和导演心里越来越没底，怕错过沈老师家门口的几株桂花树开花及打下的第一杆，又怕去多了显得打扰，所以隔几天我们就要偷偷跑到沈老师家门口看一看，也不敢靠得太近，院子里有只小狗忠诚守家，一靠近就会叫起来。

这一等就等到了国庆假期，我开始了对沈老师的每天问候服务："沈老师早上好，请问咱们的桂花开了吗？祝您今天开心。""沈老师你好呀，咱们的桂花快要开了吧？烦请您记得通知我们哦。""沈老师，今年的桂花开得晚，一定比往年的更香，您千万记得我们呀，风里雨里，小董等你！"

整个国庆假期，桂花没有动静，仿佛忘记了自己要盛开似的。就在我和导演等得垂头丧气的时候，桂花却在一场秋雨后忽然盛开了。一天傍晚，我终于收到了沈老师的短信，

"明天早晨六点钟，打桂花"。

拍摄过程特别顺利，组里的同事们不仅进行了拍摄，还参与了打桂花，桂花香香甜甜地落在同事们的肩膀上，像杭州送来的迟到的祝福。拍摄结束后，沈老师邀请我们品尝了秋天的第一碗桂花羹，我和沈老师说，如果她忘记通知我，那我就要再等一年了。

沈老师面不改色："你说风里雨里，小董等你，那我当然要等你咯！"

真好，杭州的桂花真好。

冬

要在杭州的冬天等来一场雪，真的需要一些缘分。

入冬后，整个组的人就在惦记雪，左盼右盼，从立冬盼到立春，杭州这个天儿也只是不争气地飘了点雪渣子，无人机飞上天逛一圈都拍不出来哪里有雪。等着等着，二十四个节气的内容就都杀青了，大家急得天气软件都要翻烂，这场雪也一直没下下来。

纪录片的发布日期近在眼前，后期工作也进入尾声，我们在导演外公的老房子里吃了"年夜饭"。导演本人亲自下厨，公司的小姑娘、小伙子贴窗花、贴对联，镜头里大家红红火火地提前感受到一些辞旧迎新的味道。

年夜饭的那场戏拍完不久，同事的朋友说临安的山区下雪了。导演租了辆四驱车，要带着摄像去赌一把。后来他们带回了素材，山上不知名的寺庙的屋檐上落了薄薄的雪，算是补齐了杭州"春雨、夏花、秋叶、冬雪"的镜头。

或许冬季，就是一个容易抱憾的季节，后来我听说我们相聚吃年夜饭的导演外公的老房子已经被卖掉了。回忆起那个冬天，快乐之余也会遗憾，就像大家一直没等来那场银装素裹的大雪一样。

纪录片发布后不久，本该迎接春天的杭州却迎来了一场大雪，我和摄像一起约在梅灵北路，赶在春天来临之前为杭州留下了2022年的第一场雪。

有些事情结束了，有些事情则要开始了。

回顾拍摄《四时城纪——廿四节气·杭州》时所发生的小故事，我按照四季选取了四个小片段，每个片段都让我回忆起仍然鲜活的场景。站在当下，我回头再次审视那个精彩的四季，我与二十四个人相遇在二十四个节气，并从他们身上找到阅读这座城市的方法。我从龙井茶香读到千年良渚，从大宋余韵读到乡村街巷，从耀眼的读到坚韧的，从虚无缥缈的读到具体而世俗的，摇摆的心被杭州四季的风吹过，仿佛就落了地。

阅读杭州，让我作为创作者与之产生对话，在街巷角落，我开始能回忆起拍摄时发生的点滴。回忆加固了这种对话关系，每一次反复咀嚼都让这种关系不断变得更加深刻。我为二十四位节气的"使者"记录了人生的点滴，但他们也改变了我，甚至终有一日，我会成为他们的一员。

2023年6月2日，这个对杭州人来说颇有幽默意味的日子，我落户杭州，正式成为一个新"溜儿"。

董凯兰

《四时城纪——廿四节气·杭州》纪录片编导

撰稿作者简介

周华诚
作家，著有《德寿宫八百年》《不如吃茶看花》等。

孙昌建
作家，诗人，杭州市作家协会副主席，著有《江河万古流：我的诗路行走》《鹰从筧桥起飞》等。

陈曼冬
作家，杭州市作家协会秘书长，著有《我是陈桂花》《惠民济世》等。

李郁葱
作家，诗人，著有《浮世绘》《盛夏的低语》等。

傅炜如
作家，《江南》杂志编辑，代表作《钱塘一家人》(合著)。

张小末
作家，诗人，著有《致某某》《生活的修辞学》。

何婉玲

作家,著有《四时的风雅:唐诗里的日常之美》《山野的日常》等。

吴卓平

资深文化记者,著有《杭州 钱塘风物好》。

许志华

作家,诗人,著有《勇立潮头:杭州泳军练成记》《乡村书》。

李　晚

资深媒体人,代表文章《杭州"规保"之争:永远在胜利的边缘》等。

鲁怀玉

作家,代表文章《春天里的两个女人》等。

金夏辉

编辑,从事文艺评论工作。

周宇皓

作家,毕业于日本法政大学文学部古典文学系。

小雪
三↑

大雪
梦想小镇掏羊锅

立冬
桐庐县深澳古
木龙香坊制

大暑
淳安县安阳乡
佳坞村种菜基地农耕

千岛
湖

小雪
建德豆腐包

雨水
建德草莓小镇

谷雨
塘埠村做纸伞

大寒
祥王线横山酿米酒

夏至
浙大城市学院观影

小满
打铜巷艾灸

立夏
良渚乌糯米饭

春分
工美博物馆
做风筝

小暑
五味和酿米醋

处暑
胡庆余堂
看制药

立秋
流水西苑听小热昏

钱塘江

芒种
凤凰村农民画

立春
浙图古籍修复

西湖

冬至
西泠印社制印

寒露
蜂巢剧场雕版

惊蛰
江南文化创意园
听盲人乐队

秋分
满觉陇糖桂花

清明
长埭村采茶

白露
长安沙捕鱼